“十四五”职业教育广东省规划教材

Java Script案例教程

主　编　周键飞　邹贵财

副主编　李　顺　孙　凯　李毓仪　朱辉强

参　编　周洪宜　陈伟业　沈永珞

北京理工大学出版社

BEIJING INSTITUTE OF TECHNOLOGY PRESS

内 容 简 介

JavaScript 是 Web 的编程语言。JavaScript 通过改变 HTML 内容、更改 HTML 标签属性、改变 HTML 样式（CSS）等技术，实现 Web 页面的许多效果。

本书总结了 Web 网页设计的 JavaScript 应用特点，收集了常用的一些网页 JavaScript 应用案例，包括基础入门、基本属性设置案例、交互应用案例、计时与动画案例、常见实用案例等 5 个单元的近 50 个案例。

本书以案例应用的形式呈现，把技能知识的应用渗透于案例实现过程中，以实现页面效果为目标，讲解 JavaScript 在网页前端开发的技能技巧。

本书可作为中等职业学校的教材，适合培养学生的 JavaScript 网页前端开发基础技能。本书在讲解案例效果的过程中，还讲述了页面开发的排错技巧、调试应用等内容，帮助开发者扎实地掌握 JavaScript 开发的技能基础。

图书在版编目（CIP）数据

JavaScript 案例教程 / 周键飞，邹贵财主编 . -- 北京：北京理工大学出版社，2021.11（2024.7 重印）
ISBN 978 – 7 – 5763 – 0648 – 4

Ⅰ . ① J… Ⅱ . ①周… ②邹… Ⅲ . ① JAVA 语言 – 程序设计 – 教材 Ⅳ . ① TP312

中国版本图书馆 CIP 数据核字（2021）第 223615 号

责任编辑：张荣君　　**文案编辑：**张荣君
责任校对：周瑞红　　**责任印制：**边心超

出版发行 / 北京理工大学出版社有限责任公司
社　　址 / 北京市丰台区四合庄路 6 号
邮　　编 / 100070
电　　话 /（010）68914026（教材售后服务热线）
（010）68944437（课件资源服务热线）
网　　址 / http：// www. bitpress. com. cn

版 印 次 / 2024 年 7 月第 1 版第 2 次印刷
印　　刷 / 定州市新华印刷有限公司
开　　本 / 889 mm × 1194 mm　1/16
印　　张 / 12.5
字　　数 / 263 千字
定　　价 / 35.00 元

PREFACE 前言

JavaScript 是 Web 的编程语言。JavaScript 通过改变 HTML 内容、更改 HTML 标签属性、改变 HTML 样式（CSS）等技术，实现 Web 页面的许多效果。

本教程从创建 hello world 网页开始，讲述了包括变量定义与应用、事件触发、函数自定义与应用、变量跟踪、数组应用等方面的知识。在结构安排上，以案例实现为主线，逐步讲述 JavaScript 多方面的应用技能。

本书特色

（1）知识导引

讲述本单元即将用到的一些知识，作为知识的导引，引导学生初步了解部分知识。

（2）学习目标

引导学生明确学习目标，了解将学习的内容。

（3）案例的讲解

每单元的主要内容是讲解多个案例的实现过程，单元一讲解较为详细，便于学生在初学阶段的基础培养，随着学习的深入，后面的单元案例实现过程讲解会简化很多，促进学生提高学习专业知识的能力，提高操作的熟练程度。

（4）经验分享

案例操作过程中，适当提示一些操作经验，也引导学生多总结前人的经验，帮助学生积累自身的操作经验，提高应用的能力。

（5）拓展任务

每单元小结后，加入一些拓展任务内容，以任务驱动的方式，引导学生灵活应用本单元案例，实现拓展任务的功能，培养学生学以致用的能力。

本书内容深入浅出，采用案例教学与任务驱动有机结合的方式来教学，适合作为职业学校的教材，培养学生的 JavaScript 在网页前端开发中的应用技能。本书由周键飞、邹贵财担任主编，李顺、孙凯、李毓仪、朱辉强担任副主编，周洪宜、陈伟业 、沈永珞担任参编。其中，邹贵财编写第 1、2 单元，周键飞编写第 3 单元，李顺、孙凯编写第 4 单元，李毓仪、朱辉强编写第 5 单元，周洪宜、陈伟业 、沈永珞参与本书代码编写、程序调试等工作。

本书参考了 renoob. com 菜鸟教程网站，由于作者水平有限，时间仓促，在编写过程中难免有错误之处，恳请广大读者批评指正。

编　者

CONTENTS 目录

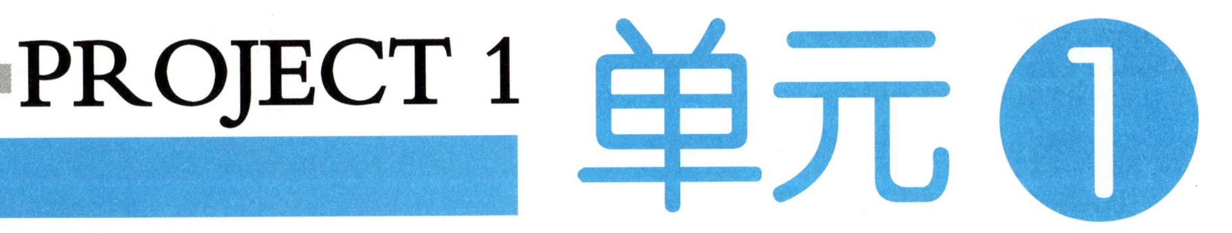

基础入门

学习目标

通过本单元的学习，了解 JS 在变量、事件、样式等方面的几个应用案例，学会 JS 的变量定义、变量赋值、函数定义、事件绑定、函数调用等方面的基础语句。为后续的 JS 学习做一个初步的知识准备。

【知识导引】

JavaScript(简写为 JS)是互联网上最流行的脚本语言，这门语言常用于超文本标记语言(Hypertext Markup Language，HTML)网页设计，也见于微信小程序等其他开发。

JavaScript 是脚本语言。

JavaScript 是一种轻量级的编程语言。

JavaScript 是可插入 HTML 页面的编程代码。

JavaScript 插入 HTML 页面后，正常情况下可在当前常用的浏览器执行。

标签<script></script>之间代码就是 JavaScript 代码。

例：用 JavaScript 代码在页面中输出“Hello World!”

写法 1：

```
<script type="text/javascript">
document.write("Hello World!")
</script>
```

写法 2：

```
<script>
document.write("Hello World!")
</script>
```

写法 1 与写法 2 都可以，通常省去 type="text/javascript"，采用写法 2。

案例 1 创建 hello world 网页

技能知识

(1)使用编辑器创建 HTML 网页文件。

(2)使用 Date()获取系统时间。

【任务描述】

用 JS 在网页上显示文本和当前日期与时间，如图 1-1 所示。

(1)用 JS 在指定标签内显示“hello wolrd!”。

(2)用 JS 获以当前日期与时间，显示在指定标签内。

(3)标签的 id 可自行定义。

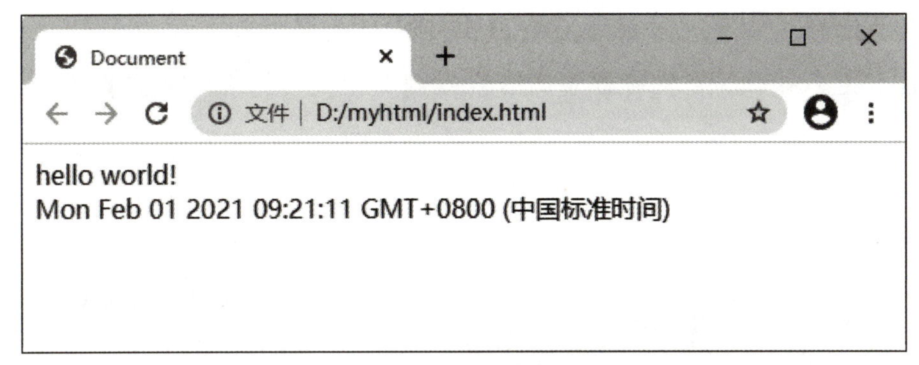

图 1-1

【操作步骤】

操作视频

(1)打开计算机资源管理器，选择一个工作盘，创建目录，例如，创建 D:\\ myhtml 文件夹，如图 1-2 所示。

(2)启动 Sublime Text，执行“文件/打开文件夹”命令，如图 1-3 所示。

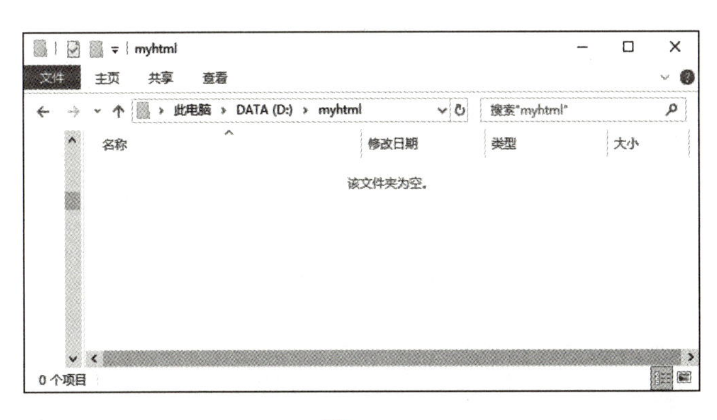

图 1-2

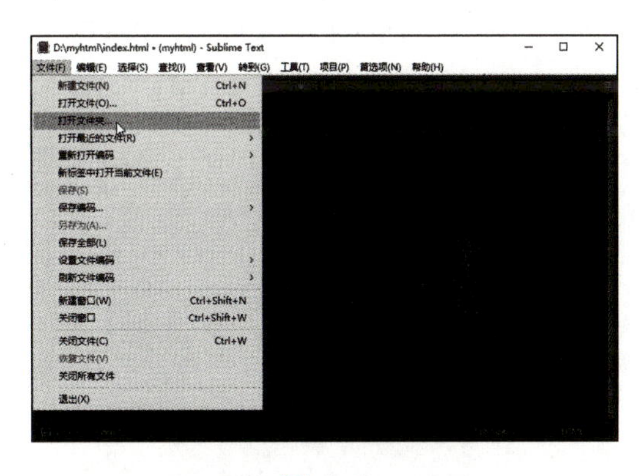

图 1-3

(3)在打开的“选择文件夹”对话框中选择 D:\\ myhtml 文件夹后，单击“选择文件夹”按钮，如图 1-4 所示。

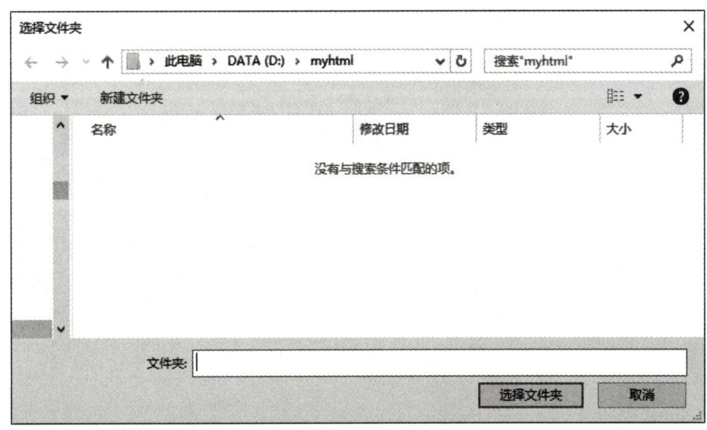

图 1-4

(4)选择了文件夹后的效果如图 1-5 所示。

经验分享

在管理网站时，建议打开网站所在的文件夹，而不是只打开一个文件。打开网站的文件夹后，在编辑器的左侧可以清晰地观察到文件夹中的有哪些文件资源。

(5)执行“文件/新建文件”命令，如图 1-6 所示。

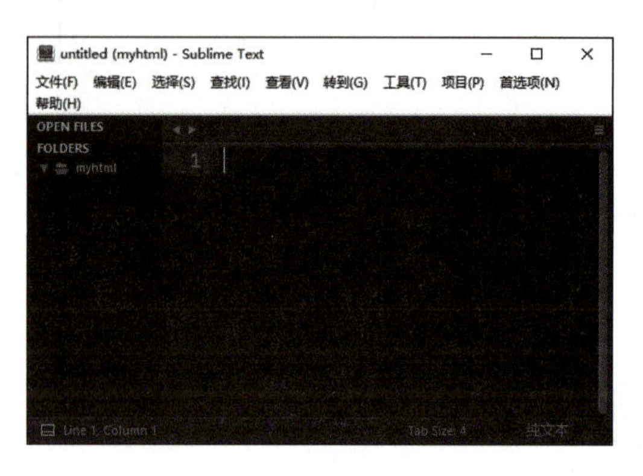

图 1-5

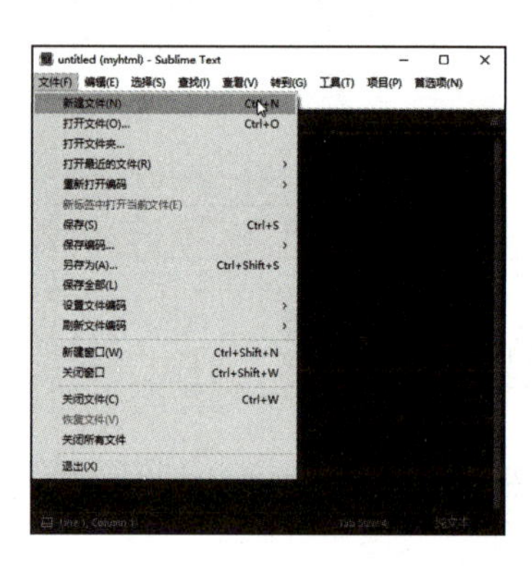

图 1-6

(6)新建文件后，再执行“文件/保存”命令，如图 1-7 所示。

(7)选择保存类型为 HTML，输入文件名及扩展名，扩展名为 html，如图 1-8 所示。

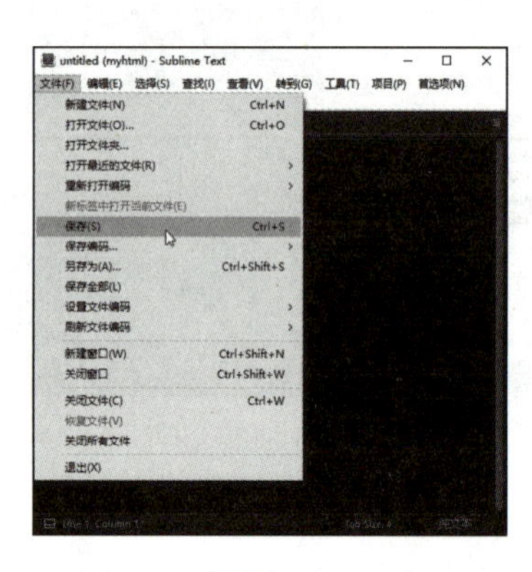

图 1-7

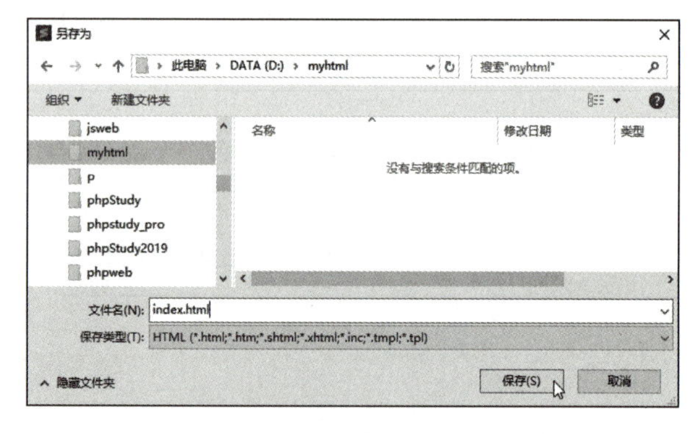

图 1-8

(8)在文件中输入“!”，如图 1-9 所示。

经验分享

输入的“!”，必须保证是英文字符，不能输入中文符号的感叹号。

(9)输入“!”后，再按【Tab】键，Sublime Text 会启动快捷方法自动创建 HTML5 的页面代码，如图 1-10 所示。

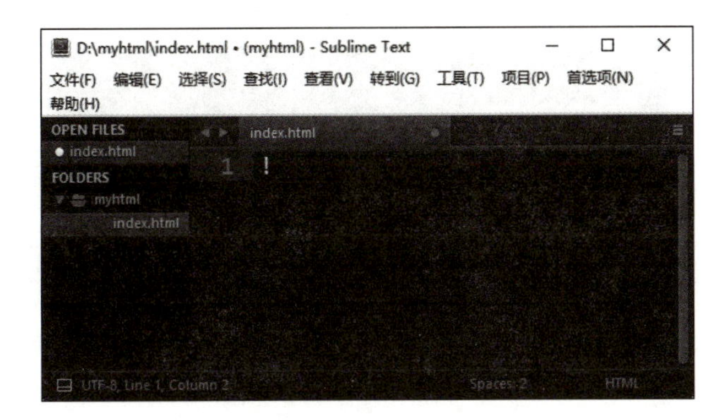

图 1-9

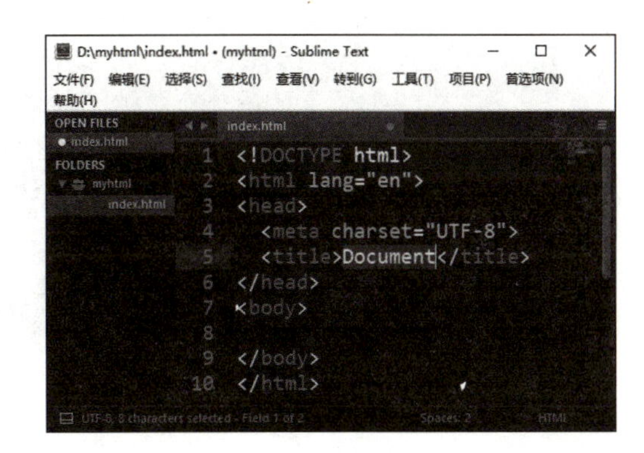

图 1-10

提示：如果开发工具还没有安装自动完成插件，则输入“!”时自动创建代码的功能不起作用，可以手动输入 HTML 网页默认结构全部代码。建议安装自动完成插件。

(10) 在页面的<body>标签内建立两个<div>标签，并输入在标签中显示文本和日期时间的代码。

【参考代码】

```
<div id="txt1"></div>
<div id="txt2"></div>
<script>
  document.getElementById("txt1").innerHTML="hello world!";
  document.getElementById("txt2").innerHTML=Date();
</script>
```

代码输入完成后，如图 1-11 所示。

经验分享

输入代码时，注意代码的缩进。缩进后，在每一行代码的左端空出适当的空位，能更直观地清晰地从外观上看出程序的逻辑结构。正确地设置缩进会大大提高代码的可读性，规范地缩进，有关嵌套方面的错误，包括标签配对的错误都容易被发现。常用的缩进快捷键有：

【Tab】键：向右缩进。

【Shift+Tab】组合键：向左缩进。

(11) 在编辑器左侧网页文件 index. html 上单击鼠标右键，在弹出的快捷菜单中执行“打开所在文件夹”命令，如图 1-12 所示。

图 1-11

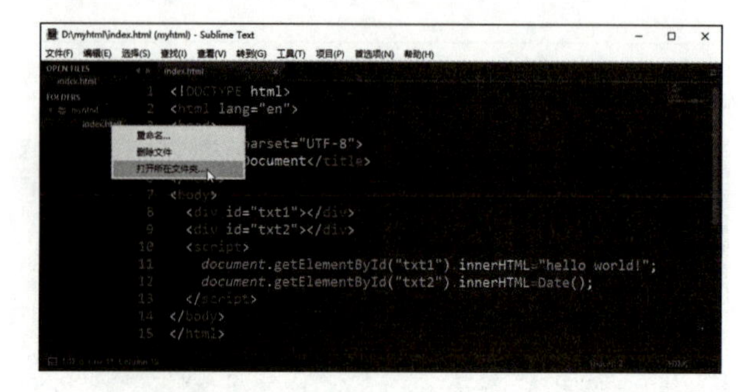

图 1-12

(12)在打开的文件夹中的网页文件 index.html 上单击鼠标右键，在弹出的快捷菜单中执行“打开方式/Google Chrome”命令，如图 1-13 所示。

经验分享

打开网页可以选择 Google Chrome 浏览器，也可以选择其他浏览器。

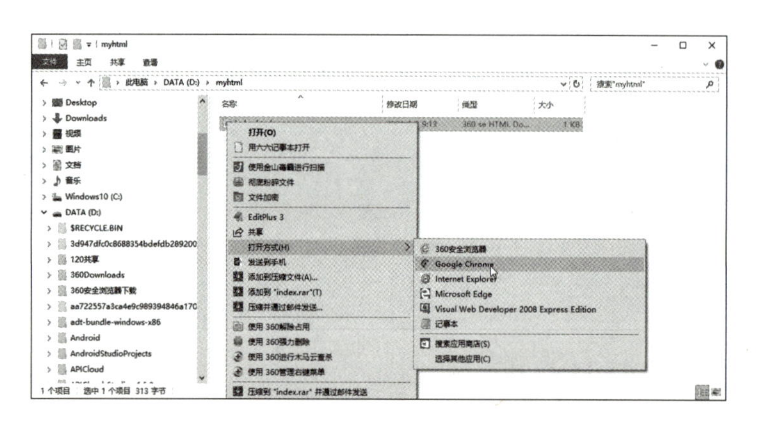

图 1-13

(13)在浏览器中打开的网页成功显示了“hello world!”和当前日期与时间，如图 1-1 所示。

案例 2 onclick 事件

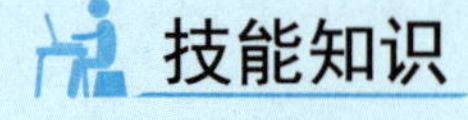

技能知识

(1)onclick 事件。

onclick 事件用于当用户在 html 对象上单击(双击)时，触发相应的 JS 事件。

(2)alert()函数。

alert 中文意思是“提醒”，alert()函数的功能是显示一个警告对话框，包括一个“确定”按钮。

【任务描述】

实现单击事件，弹出提示信息的功能，如图 1-14 所示。

(1)用<h1>显示标题“单击事件，弹出提示”。

(2)用<p>显示功能说明。

(3)单击按钮，弹出“欢迎开始学习 javascript!”提示。

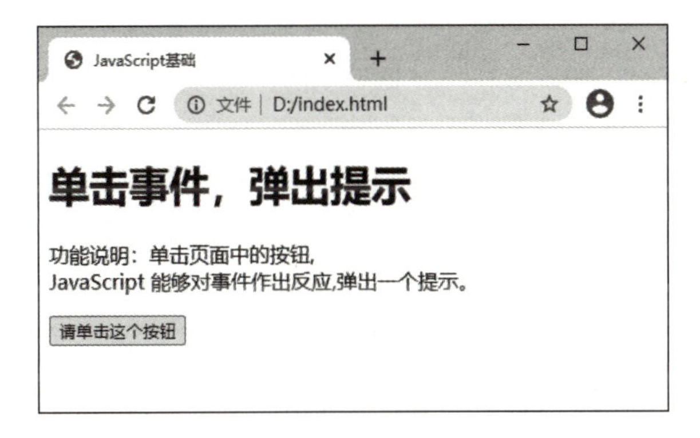

图 1-14

【操作步骤】

操作视频

(1)新建 index. html 文件，输入<h1>和<p>的内容；创建<button>标签，绑定 onclick 事件执行 alert('欢迎开始学习 javascript! ')，如图 1-15 所示。

(2)在浏览器中打开 index. html 文件，单击“请单击这个按钮”按钮，调试成功则会弹出一个警告对话框，其中显示 alert()函数中设置的提示信息，如图 1-16 所示。

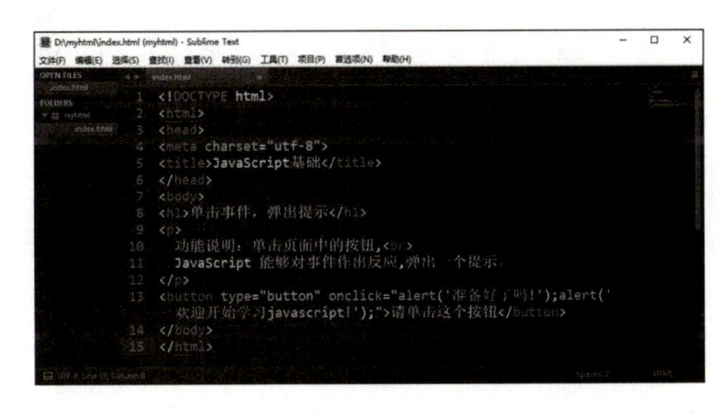

图 1-15

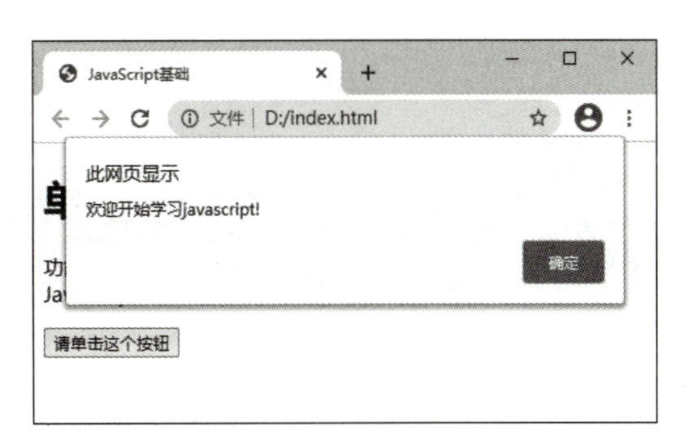

图 1-16

【参考代码】

```
1. <!DOCTYPE html>
2. <html>
3. <head>
4. <meta charset="utf-8">
5. <title>JavaScript 基础</title>
6. </head>
7. <body>
8. <h1>单击事件,弹出提示</h1>
9. <p>
10. 功能说明:单击页面中的按钮,<br>
11. JavaScript 能够对事件作出反应,弹出一个提示。
12. </p>
13. <button type="button" onclick="alert('欢迎开始学习 javascript!');">请单击这个按钮
    </button>
14. </body>
15. </html>
```

经验分享

直接把代码 onclick="alert('欢迎开始学习 javascript!');"写在标签属性中，只弹出一个显示提示信息的对话框。

若要弹出多个对话框，可以连续写入多个 alert( ) 函数。

例：

```
<button type="button" onclick="alert('准备好了吗!'); alert('欢迎开始学习 javascript!');">请单击这个按钮</button>
```

案例 3 自定义函数的调用

技能知识

（1）应用关键字 var 定义变量。

(2) 应用“function 函数名(){}”定义函数。

(3) 应用 console.log()在控制台输出数据。

【任务描述】

实现单击事件——数字变量增加的功能，如图 1-17 所示。

(1)定义变量 i。

(2)单击按钮时，变量 i 增加 1，并把结果显示在 Console 窗口中。

(3)当 i 变化时，结果实时显示在页面中。

核心知识

```
var i=0;//用关键字 var 定义变量 i,并初始化值为 0
function myFunction(){//用关键字 function 定义函数 myFunction
  i++;//变量 i 增加 1,功能相当于 i=i+1
  console.log(i); //在 Console 窗口输出变量 i 的值
  document.getElementById("result").innerHTML=i;
  //把值显示在 id= result 的标签中
}
```

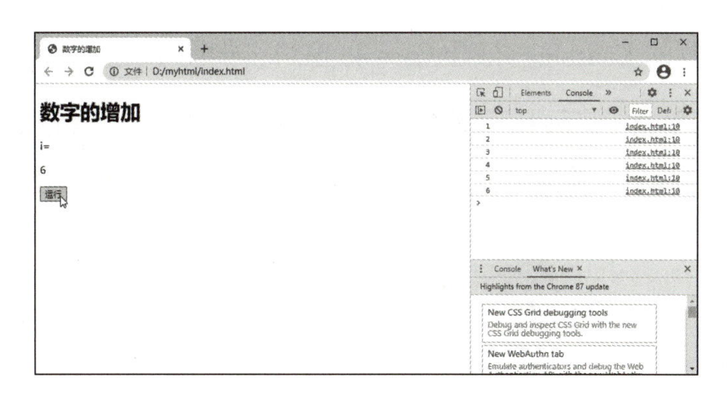

图 1-17

【操作步骤】

操作视频

(1)新建 index.html，在页面中使用 JS 代码定义变量 i，设计函数 myFunction()实现 i 的增加与输出。

【参考代码】

```
var i=0;
function myFunction(){
  i++;
```

```
    console.log(i);
    document.getElementById("result").innerHTML=i;
  }
```

在本例中，把一个 JS 函数放置到 HTML 页面的 <head> 部分，该函数会在单击按钮时被调用，如图 1-18 所示。

(2)在浏览器中打开 index.html，单击“运行”按钮，观察页面中显示的数字是否正常增加，如图 1-19 所示。

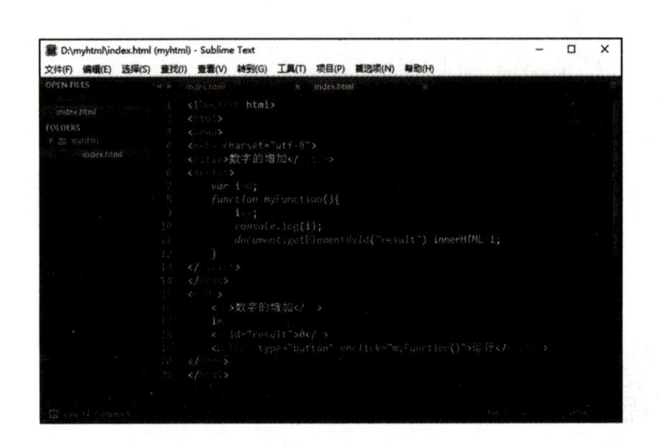

图 1-18

图 1-19

(3)在页面空白处单击鼠标右键，在弹出的快捷菜单中执行“检查”命令，打开浏览器中的 Elements 窗口，如图 1-20 所示。

(4)单击浏览器右侧的 Console，打开 Console 窗口，如图 1-21 所示。

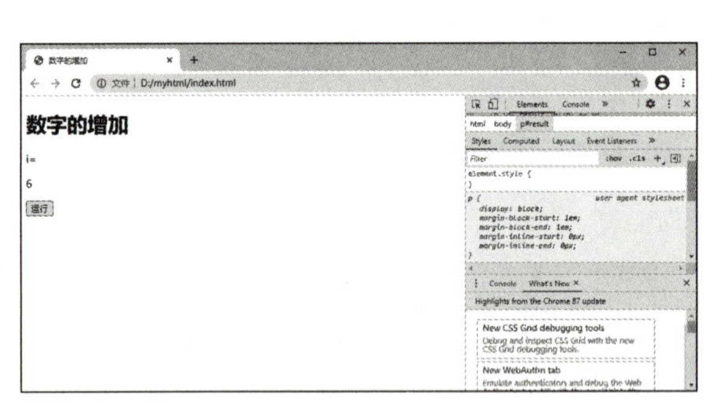

图 1-20

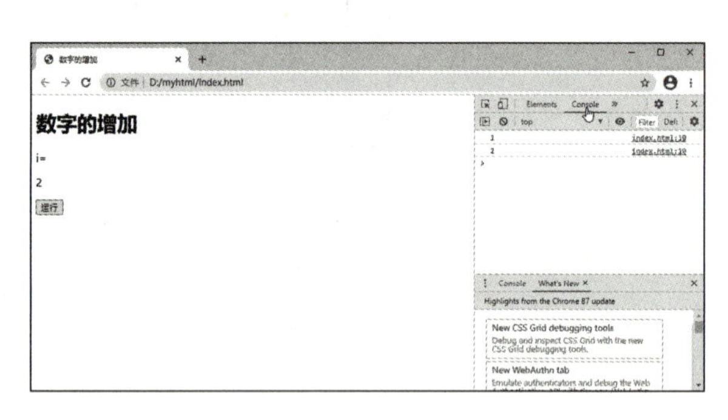

图 1-21

经验分享

在 Chrome 浏览器中，可以通过按 F12 来打开 Console 窗口。

console 对象用于 JS 调试。

在网页的 JS 代码中，常用 console.log( )命令跟踪变量，例如，为了跟踪变量 i 值的变化，可以用 console.log(i)命令把 i 值输出到 Console 窗口。

(5)继续单击“运行”按钮，观察页面上和 Console 窗口中数值的变量，如图 1-17 所示。

案例4 变量跟踪

技能知识

(1) 应用 Math. random( )随机产生一个 0~1 之间的数。

(2) 应用 parseInt(变量)实现小数取整。

(3) 应用 console. log( )在 Console 窗口输出数据，跟踪变量值的变化。

【任务描述】

实现单击事件——随机产生 1 至 55 范围的整数，实现随机抽取学号的功能，如图 1-22 所示。

(1)在页面中以较大的字号显示随机产生的数字。

(2)随机产生 1 至 55 之间的任一个数(包括小数)输出到 Console 窗口。

(3)把随机产生数去除小数部分输出到 Console 窗口，再输出到页面上。

图 1-22

代码解读

```
var i=0;
function myFunction(){
  i=Math.random()* 55; //随机产生一个 0~1 之间的数,乘以 55 赋值给 i
  console.log(i); //在 Console 窗口输出变量 i 的值
  i=parseInt(i); //去除 i 的小数部分,再重新赋值给 i
  console.log(i); //在 Console 窗口输出变量 i 的值
  document.getElementById("result").innerHTML=i; //在页面显示 i 的值
}
```

【操作步骤】

操作视频

(1)新建 index. html，在页面中使用 JS 代码定义变量 i，设计函数 myFunction( )实现 i 的随机产生和输出显示，如图 1-23 所示。

```
var i=0;
function myFunction(){
  i=Math.random()* 55;
  console.log(i);
  i=parseInt(i);
  console.log(i);
  document.getElementById("result").innerHTML=i;
}
```

(2)在浏览器打开 index.html 后，按 F12 键打开 Console 窗口，持续单击“随机抽学号”按钮，观察页面中和 Console 窗口中的数字，如图 1-24 所示。

经验分享

在网页的 JS 代码中，用 console.log(i)命令可以跟踪了解 i 的变化情况。

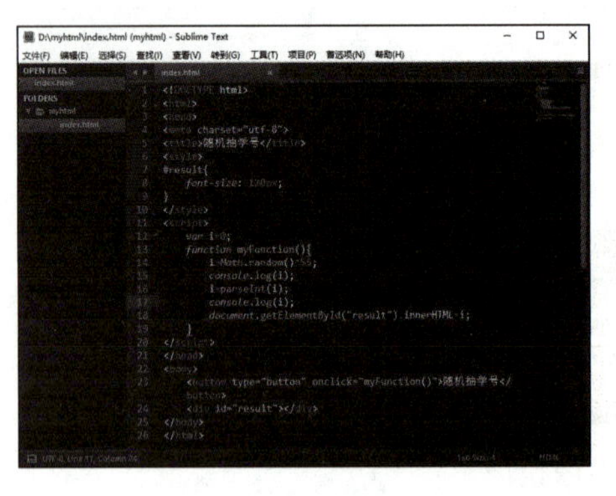

图 1-23

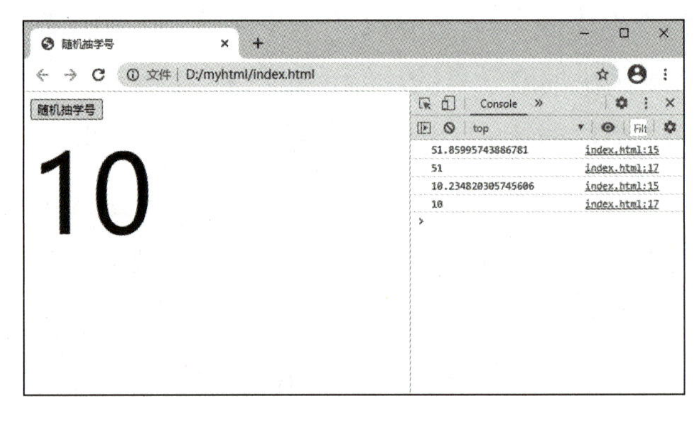

图 1-24

案例 5 数组变量应用

技能知识

(1)应用“var 变量名=[ ]”定义数组变量。

(2)“变量名.length”能获取变量数组的长度(元素个数)。

(3)应用“+”连接字符串。

【任务描述】

实现单击事件——随机抽题的功能，如图 1-25 所示。

(1)用数组记录题目内容，内容包括题号和题干内容。

(2)实现有效的随机抽题功能。

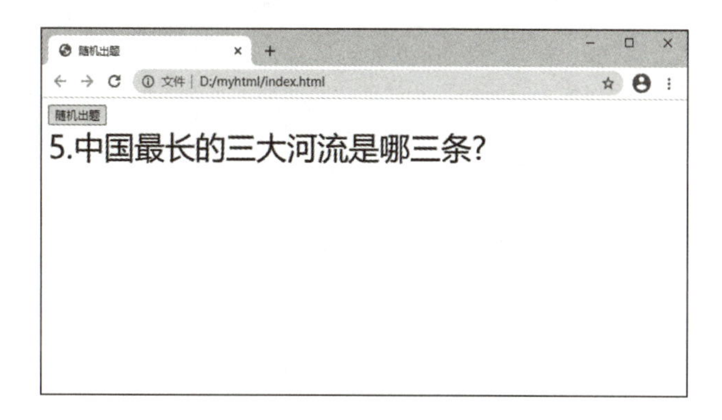

图 1-25

代码解读

```
var topic=[];//声明数组变量 topic
topic[topic.length]={no:'1',title:'. 火警电话是？'};
//给数组变量最后一个元素赋值,赋值内容包括 no 为 1,title 为“. 火警电话是?”
i=Math.random()* topic.length;
//随机产生一个 0~1 之间的小数,然后乘以数组 topic 的长度,再赋值给 i
document.getElementById("result").innerHTML=topic[i].no+topic[i].title;
//在 id= result 的标签显示内容,内容是变量 topic[i].no 和变量 topic[i].title 的字符串连接后
  的文本
```

【操作步骤】

操作视频

(1)新建 index.html，使用 JS 代码定义变量 i 和数组变量，数组变量保存题目的题号和题干内容。设计函数 myFunction( )实现随机抽题的功能，如图 1-26 所示。

```
<!DOCTYPE html>
<html>
<head>
<meta charset="utf-8">
<title>随机出题</title>
<style>
#result{
    font-size:36px;
}
</style>
<script>
    var i=0;
    var topic=[];
    topic[topic.length]={no:'1',title:'.火警电话是？'};
    topic[topic.length]={no:'2',title:'.中国最大面积的省份是？'};
    topic[topic.length]={no:'3',title:'.高速公路里程长度世界第一位的国家是？'};
    topic[topic.length]={no:'4',title:'.珠穆朗玛峰的高度是多少米？'};
    topic[topic.length]={no:'5',title:'.中国最长的三大河流是哪三条?'};
    function myFunction(){
        i=Math.random()*topic.length;
        i=parseInt(i);
        document.getElementById("result").innerHTML=topic[i].no+topic[i].title;
    }
</script>
</head>
<body>
```

图 1-26

【参考代码】

```
var i=0;
var topic=[];
topic[topic.length]={no:'1',title:'.火警电话是?'};
topic[topic.length]={no:'2',title:'.中国最大面积的省份是?'};
topic[topic.length]={no:'3',title:'.高速公路里程长度世界第一位的国家是?'};
topic[topic.length]={no:'4',title:'.珠穆朗玛峰的高度是多少米?'};
topic[topic.length]={no:'5',title:'.中国最长的三大河流是哪三条?'};
function myFunction(){
  i=Math.random()* topic.length;
  i=parseInt(i);
  document.getElementById("result").innerHTML=topic[i].no+topic[i].title;
}
```

(2)在浏览器打开 index.html，单击“随机出题”按钮，正确显示随机的题目(每次单击显示的题目可能不同)，如图 1-25 所示。

案例 6 更改样式

技能知识

(1)“document.getElementById("标签 ID 名")”通过元素的 id 获取元素。

(2)“元素 .style.color="#000"”设置元素文本前景色，#000 代表黑色。

(3)“元素 .style.backgroundColor="#0f0"”设置元素背景色，#0f0 代表绿色。

(4)“元素 .onmouseover”指鼠标移入元素时，会触发执行事件。

(5)“元素 .onmouseout”指鼠标移出元素时，会触发执行事件。

【任务描述】

实现鼠标移入、移出标签时改变文字和背景的颜色的功能，如图 1-27、图 1-28 所示。

(1)在网页添加一个标签中，并显示文本，设置背景色和前景色。

(2)当鼠标移入标签，更改背景色和前景色。

(3)当鼠标移出标签，更改背景色和前景色。

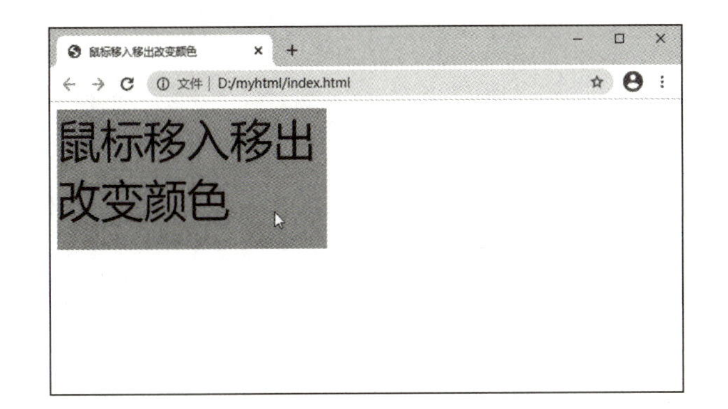

图 1-27

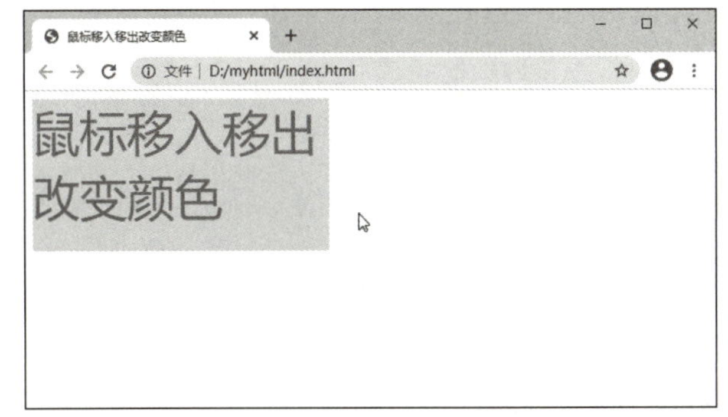

图 1-28

代码解读

```
document.getElementById("txt")//作用是从文档中获取 id=txt 的标签
//当鼠标移入 id=txt 的标签时触发 onmouseover 事件
document.getElementById("txt").onmouseover=function (){
  //更改前景色(字体颜色)为#000
  document.getElementById("txt").style.color="#000";
  //更改背景色为#0f0
  document.getElementById("txt").style.backgroundColor="#0f0";
};
//当鼠标移出 id=txt 的标签时触发 onmouseout 事件
document.getElementById("txt").onmouseout=function (){
  document.getElementById("txt").style.color="#f00";
  document.getElementById("txt").style.backgroundColor="#ff0";
};
```

【操作步骤】

操作视频

(1)新建 index. html，使用 JS 代码实现鼠标移入、移出标签时，均能改变文字和背景的颜色的功能，如图 1-29 所示。

(2)在浏览器打开 index. html，鼠标移入文本所在标签，能改变文字和背景的颜色，如图 1-27 所示。

(3)鼠标移出文本所在标签后，又能改变文字和背景的颜色，如图 1-28 所示。

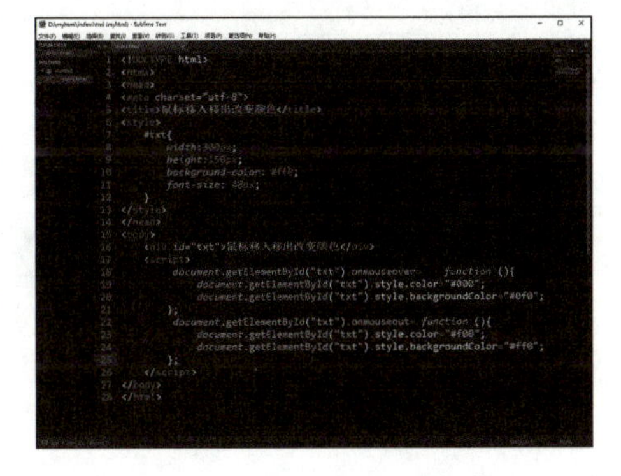
图 1-29

【单元小结】

本单元从在网页中应用 JS 创建 hello world 网页开始，讲解了怎样在网页中应用 JS，包括事件的调用、自定义函数创建、变量变化、变量的跟踪、数组变量定义与应用、使用 JS 更改页面的样式等功能的应用。

在案例中，应用了 onclick、onmouseover、onmouseout 等事件，同时讲解了事件的触发、函数的调用等应用技能。这些案例并不能包括所有的基础知识，但经过操作练习，读者可以初步了解 JS 中基本语法，为进一步了解更多的 JS 应用做好准备。

【拓展任务】

拓展任务 1　多个单击事件

实现单击事件——弹出提示信息的功能，如图 1-30 所示。

(1)用<h1>显示标题“单击事件，弹出提示”。

(2)用<p>显示功能说明。

(3)页面中有多个按钮，单击不同的按钮，弹出不一样的提示信息对话框。

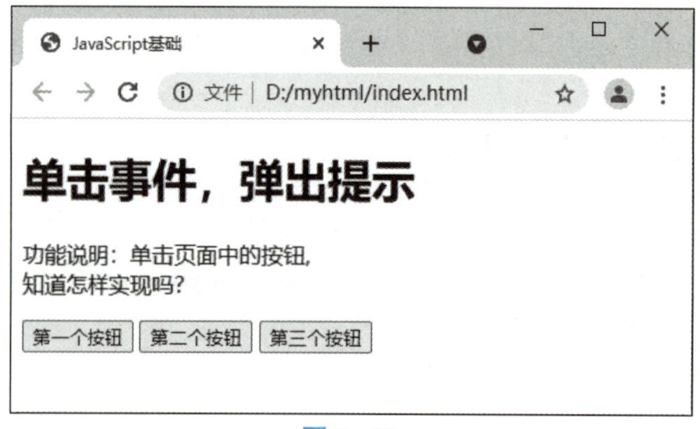

图 1-30

【参考代码】

```
1. <!DOCTYPEhtml>
2. <html>
3. <head>
4. <meta charset="utf-8">
5. <title>JavaScript 基础</title>
6. </head>
7. <body>
8. <h1>单击事件,弹出提示</h1>
9. <p>
10. 功能说明:单击页面中的按钮,<br>
11. 知道怎样实现吗?
```

```
12. </p>
13. <button type="button" onclick="alert('准备好了吗!');">第一个按钮</button>
14. <button type="button" onclick="alert('欢迎开始学习 javascript!');">第二个按钮</
    button>
15. <button type="button" onclick="alert('我喜欢学习 JS');">第三个按钮</button>
16. </body>
17. </html>
```

拓展任务 2　数字的加减

【任务描述】

实现单击事件——数字变量增加和减少的功能，如图 1-31 所示。

(1)定义变量 i。

(2)单击“增加”按钮时，变量 i 增加 1，并把结果显示在页面和 Console 窗口中。

(3)单击“减少”按钮时，变量 i 减少 1，并把结果显示在页面和 Console 窗口中。

图 1-31

【参考代码】

```
1. <!DOCTYPEhtml>
2. <html>
3. <head>
4. <meta charset="utf-8">
5. <title>数字的加减</title>
6. <script>
7. var i=0;
8. function myFunction(){
9.   i++;
10.   console.log(i);
11.   document.getElementById("result").innerHTML=i;
12. }
13. function myFunction2(){
14.   i--;
15.   console.log(i);
```

```
16.  document.getElementById("result").innerHTML=i;
17. }
18.</script>
19.</head>
20.<body>
21.<h1>数字的加减</h1>
22. i=
23.<p id="result">0</p>
24.<button type="button" onclick="myFunction()">增加</button>
25.<button type="button" onclick="myFunction2()">减少</button>
26.</body>
27.</html>
```

拓展任务 3　随机生成一个完整学号

【任务描述】

实现单击事件——随机产生学号的功能，如图 1-32 所示。

(1)随机产生一个六位数学号。

(2)输出学号时，包括中文提示。

图 1-32

【参考代码】

```
1.<!DOCTYPEhtml>
2.<html>
3.<head>
4.<meta charset="utf-8">
5.<title>随机抽学号</title>
6.<style>
7.#result{
```

```
8.  font-size: 30px;
9. }
10. </style>
11. <script>
12. var i=0;
13. function myFunction(){
14.   i=Math.random()* 55+10;
15.   i=parseInt(i);
16.   document.getElementById("result").innerHTML="我的学号是:"+"2021"+i;
17. }
18. </script>
19. </head>
20. <body>
21. <button type="button" onclick="myFunction()">随机生成一个完整的学号</button>
22. <div id="result"></div>
23. </body>
24. </html>
```

拓展任务4　更改字号大小

【任务描述】

实现鼠标移入移出标签时改变字号大小的功能，如图1-33所示。

(1)在网页添加一个标签中，并显示文本，设置背景色和前景色。

(2)当鼠标移入标签，字号变大。

(3)当鼠标移出标签，字号变小。

图1-33

【参考代码】

```
1. <!DOCTYPEhtml>
2. <html>
3. <head>
4. <meta charset="utf-8">
5. <title>鼠标移入移出改变字号大小</title>
6. <style>
7. #txt{
8.   width:300px;
9.   height:150px;
10.   background-color: #ff0;
11.   font-size: 48px;
12. }
13. </style>
14. </head>
15. <body>
16. <div id="txt">鼠标移入移出改变字号大小</div>
17. <script>
18. document.getElementById("txt").onmouseover= function (){
19.   document.getElementById("txt").style.fontSize="50px";
20. };
21. document.getElementById("txt").onmouseout= function (){
22.   document.getElementById("txt").style.fontSize="20px";
23. };
24. </script>
25. </body>
26. </html>
```

PROJECT 2

单元 2

基本属性设置案例

学习目标

通过本单元的学习，在熟练进行函数定义和调用的过程中，应用函数实现更改标签样式，具备一定的 JS 代码编写能力。

学生将学会 getElementById( )、getElementsByTagName( ) 等获取标签元素的方法，掌握<img>、<i>、<div>、<ul>、<li>等标签的样式处理技能，学会通过 setAttribute( ) 修改标签的 className 以及修改标签的 style 的方法，实现元素样式修改。

【知识导引】

JS 获取页面标签对象的方法，包括通过标签 ID、标签名、标签自定义名称、标签的类名等获取方法。ID 是 Identity Document 的缩写。标签 ID 是一种编程用语，表示标签的身份，在 JS 脚本中会用到。

- getElementById( ) 获取带有指定 ID 的第一个对象。
- getElementsByTagName( ) 获取带有指定标签名的标签对象的集合。
- getElementsByName( ) 获取带有自定义名称的标签对象的集合。
- getElementsByClassName( ) 获取所有指定类名的标签对象的集合。

当需要查找文档中的一个特定的对象元素时，最有效的方法是 getElementById( )。

对于获取对象集合，常用到 for 语句对所有元素进行遍历。

例 1：基本的 for 语句

```
for(var i=1;i<=9;i++){}
```

例 2：遍历元素的 for 语句

```
for(var i=0;i<对象名.length;i++){}
```

本单元案例采用了多种修改标签对象样式属性的方法。

例 1：修改样式表的类名

```
vpic.setAttribute("class","tolarge");
x.className="off";
```

例 2：通过更改“. style. 属性”的值修改样式属性

```
vdiv[0].style.transform="rotate(10deg)";
```

案例 1 查看大小图

技能知识

(1) getElementById ( ) 结合 getElementsByTagName( ) 获取对象集的写法；。

例：

```
document.getElementById("icon").getElementsByTagName("i");
```

(2)对象集数组形式的 onclick 事件实现。

例:

```
vicon[0].onclick=function(){}
```

(3)修改对象类名的方法。

例:

```
vpic.setAttribute("class","tolarge");
```

(4)改变图像标签大小的实现代码。

【任务描述】

实现查看大小图的功能,如图 2-1 所示。

(1)单击“+”时,查看大图。

(2)单击“-”时,查看小图。

图 2-1

代码解读

```
vicon=document.getElementById("icon").getElementsByTagName("i");
//根据 id="icon"获取元素后,再从这个元素内获取所有的标签 i 元素
vicon[0].onclick=function(){//vicon 第 0 号元素被单击时执行函数
vpic.setAttribute("class","tolarge");
//设置标签 vpic 的 class 值为 tolarge
}
vicon[1].onclick=function(){//vicon 第 1 号元素被单击时执行函数
vpic.setAttribute("class","tosmall");
//设置标签 vpic 的 class 值为 tosmall
```

【操作步骤】

操作视频

(1)设置#icon i、.tolarge、.tosmall 等样式；在<body>中创建<div id="icon">标签，在<div id="icon">标签中创建<i>+</i>、<i>-</i>标签；创建<img id="pic" src="images/pic.jpg" class="tosmall">标签用于显示图片，如图 2-2 所示。

(2)JS 为所获取的<i>元素绑定 onclick 事件，实现更改 pic 元素样式的功能，如图 2-3 所示。

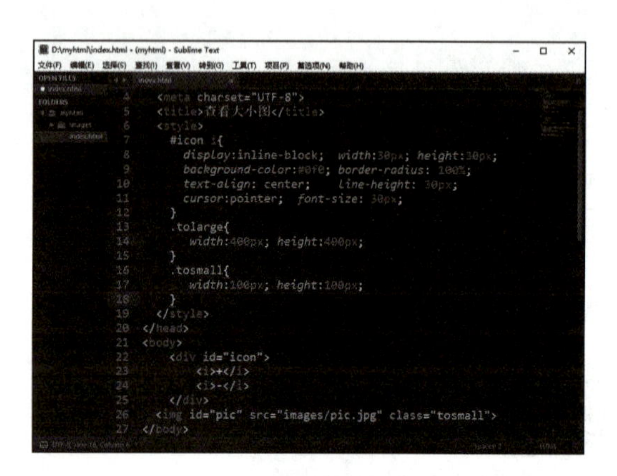
图 2-2

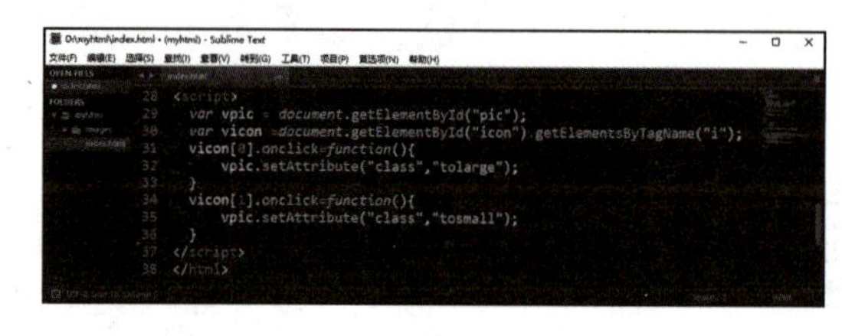
图 2-3

【参考代码】

```
1. <!doctype html>
2. <html lang="en">
3. <head>
4.  <meta charset="UTF-8">
5.  <title>查看大小图</title>
6.  <style>
7. #icon i{
8.   display:inline-block;  width:30px; height:30px;
9.   background-color:#0f0;  border-radius: 100% ;
10.   text-align: center;  line-height: 30px;
11.   cursor:pointer;  font-size: 30px;
12. }
13. .tolarge{
14.   width:400px;  height:400px;
15. }
16. .tosmall{
17.   width:100px;  height:100px;
18. }
19. </style>
```

```
20. </head>
21. <body>
22.   <div id="icon">
23.      <i>+</i>
24.      <i>-</i>
25.   </div>
26.  <img id="pic" src="images/pic.jpg" class="tosmall">
27. </body>
28. <script>
29. var vpic = document.getElementById("pic");
30. var vicon =document.getElementById("icon").getElementsByTagName("i");
31.  vicon[0].onclick=function(){
32.   vpic.setAttribute("class","tolarge");
33.  }
34.  vicon[1].onclick=function(){
35.   vpic.setAttribute("class","tosmall");
36.  }
37. </script>
38. </html>
```

案例 2 修改头像样式

技能知识

(1)应用 getElementById ()获取对象。

(2)应用 getElementsByTagName()获取对象集。

(3)对象添加多个类名的方法。

例:

```
vpic.setAttribute("class","myima tosqua");
```

myima 为类名，tosqua 也是类名，两个名称之间用空格分隔。

(4)改变图像多种属性的实现代码。

【任务描述】

实现改变头像边框样式的功能，如图 2-4 所示。

(1)单击“圆角”时，头像为圆角边框。

(2)单击“方角”时，头像为矩形边框。

代码解读

```
<script>
var vpic = document.getElementById("pic");//获取 id 值为 pic 的元素
var vicon =document.getElementById("icon").getElementsByTagName("i");
//获取 id="icon"的元素后,再从该元素内获取所有 i 元素
vicon[0].onclick=function(){//vicon 第 0 号元素被单击时执行函数
vpic.setAttribute("class","myima tosqua");
//设置 vpic 的样式为 myima 和 tosqua
}
vicon[1].onclick=function(){//vicon 第 1 号元素被单击时执行函数
vpic.setAttribute("class","myima tocircle");
//设置 vpic 的类名为 myima 和 tocircle
}
</script>
```

图 2-4

【操作步骤】

(1)设置#icon i、. myima、. tocircle、. tosqua 等样式，如图 2-5 所示。

(2)在<body>中创建<div id="icon">标签，在<div id="icon">标签中创建<i>方角</i>、<i>圆角</i>标签；创建<img id="pic" src="images/pic. jpg" class="myima">标签，显示图片；JS 为所获取的<i>元素绑定 onclick 事件，实现更改 pic 元素样式的功能，如图 2-6 所示。

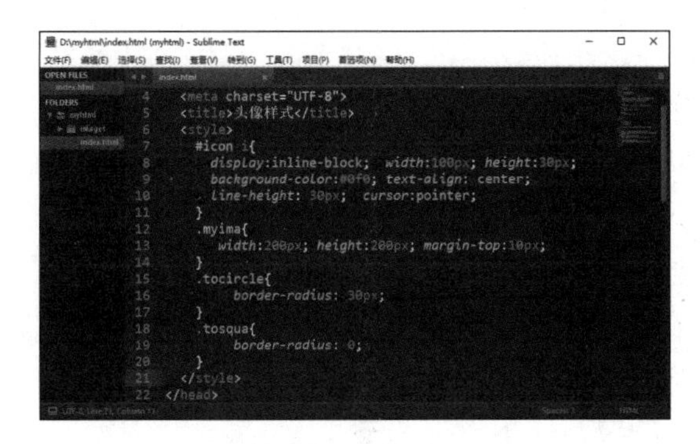

图 2-5

```
D:\myhtml\index.html (myhtml) - Sublime Text
23 <body>
24     <div id="icon">
25         <i>方角</i>
26         <i>圆角</i>
27     </div>
28   <img id="pic" src="images/pic.jpg" class="myima">
29 </body>
30 <script>
31   var vpic = document.getElementById("pic");
32   var vicon =document.getElementById("icon").getElementsByTagName("i");
33   vicon[0].onclick=function(){
34       vpic.setAttribute("class","myima tosqua");
35   }
36   vicon[1].onclick=function(){
37       vpic.setAttribute("class","myima tocircle");
38   }
39 </script>
40 </html>
```

图 2-6

【参考代码】

```
1. <!doctypehtml>
2. <html lang="en">
3. <head>
4.   <meta charset="UTF-8">
5.   <title>头像样式</title>
6.   <style>
7.   #icon i{
8.     display:inline-block;  width:100px; height:30px;
9.     background-color:#0f0; text-align: center;
10.       line-height: 30px;  cursor:pointer;
11.   }
12.   .myima{
13.     width:200px; height:200px; margin-top:10px;
14.   }
15.   .tocircle{
16.     border-radius: 30px;
17.   }
18.   .tosqua{
19.     border-radius: 0;
20.   }
21.   </style>
22. </head>
23. <body>
24.     <div id="icon">
25.       <i>方角</i>
26.       <i>圆角</i>
27.   </div>
28.   <img id="pic" src="images/pic.jpg" class="myima">
29. </body>
```

```
30. <script>
31.   var vpic = document.getElementById("pic");
32.   var vicon =document.getElementById("icon").getElementsByTagName("i");
33. vicon[0].onclick=function(){
34.     vpic.setAttribute("class","myima tosqua");
35.   }
36.   vicon[1].onclick=function(){
37.     vpic.setAttribute("class","myima tocircle");
38.   }
39. </script>
40. </html>
```

案例 3 动态设置 ul 属性

技能知识

（1）li 标签的属性常用技能。

例：li 圆点的去除

```
style.listStyle="none";
```

例：容器指定为 flex 布局，所有子元素默认时呈现横向排列

```
style.display="flex";
```

例：li 图标的设置

```
style.listStyleImage="url(images/ic.ico)";
```

（2）<button>标签的 onclick 事件绑定。

例：

```
<button onclick="torow()">横向排列</button>
```

【任务描述】

实现动态设置 ul 属性，实现横向排列、纵向排列以及项目前图标更改的功能，如图 2-7、图 2-8 所示。

（1）单击“横向排列”按钮时，项目内容横向排列。

（2）单击“纵向排列”按钮时，项目内容纵向排列。

(3)单击"去除圆点"按钮时，项目前圆点不显示。

(4)单击"加圆点"按钮时，项目前显示圆点项目符号。

(5)单击"设置图标"按钮时，项目前显示自定义图标。

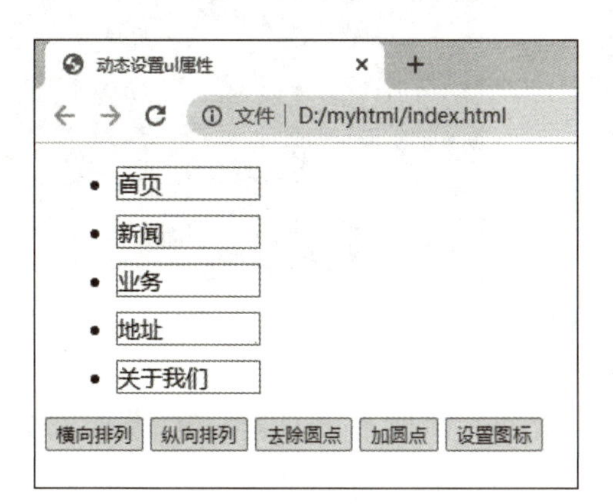

图 2-7

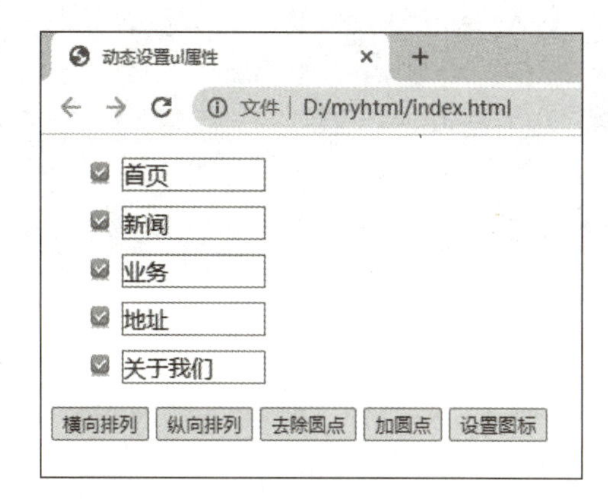

图 2-8

代码解读

```
<script>
  var vul=document.getElementById("myul");//获取 myul 标签
  function removedot(){//定义函数 removedot()
    vul.style.listStyle="none";//设置不显示圆点
  }
  function showdot(){//定义函数 showdot()
    vul.style.listStyle="";//设置显示圆点
  }
  function setdoticon(){//定义函数 setdoticon()
    vul.style.listStyleImage="url(images/ic.ico)"; //设置圆点为图标
  }
  function torow(){
    vul.style.display="flex";
  //用 display="flex"实现子元素横向排列
  }
  function tocol(){
    vul.style.display="";//用 display=""实现子元素默认纵向排列
  }
</script>
```

【操作步骤】

操作视频

(1)设置 li 样式，如图 2-9 所示。

(2)在<body>中创建<ul id="myul">标签，在<ul id="myul">标签中创建多个<li>标签

显示菜单文本；创建多个<button>标签，绑定 onclick 事件执行对应的函数，如图 2-10 所示。

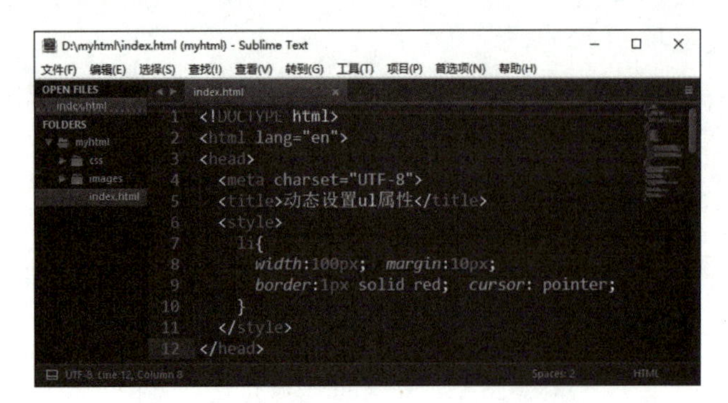

图 2-9

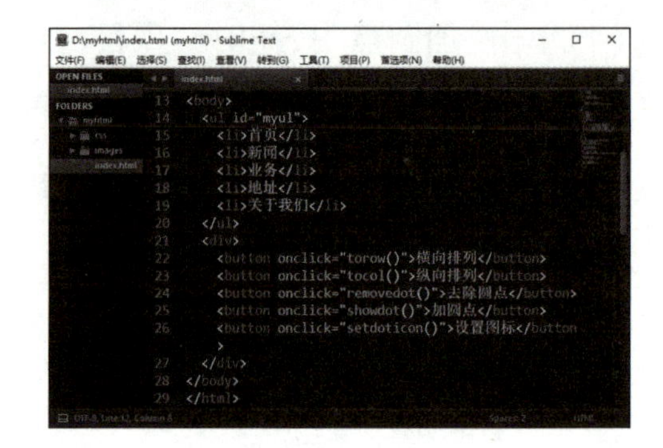

图 2-10

(3) JS 创建 removedot( ) 函数，实现去除 vul 元素的左侧圆点的功能；创建 showdot( ) 函数，实现恢复 vul 元素的左侧圆点的功能；创建 setdoticon( ) 函数，实现自定义 vul 元素的左侧图标的功能；创建 torow( ) 函数，实现 vul 元素内所有子元素横向排列的效果；创建 tocol( ) 函数，实现 vul 元素内所有子元素恢复默认方式(纵向排列)的效果，如图 2-11 所示。

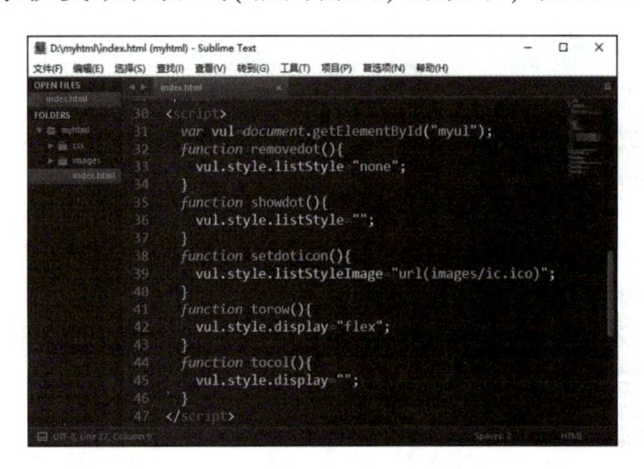

图 2-11

【参考代码】

```
1. <!DOCTYPEhtml>
2. <html lang="en">
3. <head>
4.   <meta charset="UTF-8">
5.   <title>动态设置 ul 属性</title>
6.   <style>
7.     li{
8.       width:100px;  margin:10px;
9.       border:1px solid red;  cursor: pointer;
10.     }
11.   </style>
12. </head>
13. <body>
```

```
14.   <ul id="myul">
15.     <li>首页</li>
16.     <li>新闻</li>
17.     <li>业务</li>
18.     <li>地址</li>
19.     <li>关于我们</li>
20.   </ul>
21.   <div>
22.     <button onclick="torow()">横向排列</button>
23.     <button onclick="tocol()">纵向排列</button>
24.     <button onclick="removedot()">去除圆点</button>
25.     <button onclick="showdot()">加圆点</button>
26.     <button onclick="setdoticon()">设置图标</button>
27.   </div>
28. </body>
29. </html>
30. <script>
31.   var vul=document.getElementById("myul");
32.   function removedot(){
33.     vul.style.listStyle="none";
34.   }
35.   function showdot(){
36.     vul.style.listStyle="";
37.   }
38.   function setdoticon(){
39.     vul.style.listStyleImage="url(images/ic.ico)";
40.   }
41.   function torow(){
42.     vul.style.display="flex";
43.   }
44.   function tocol(){
45.     vul.style.display="";
46.   }
47. </script>
```

案例 4 用 if 实现“开关”

技能知识

(1)标签元素内容的获取。

例:

```
x.innerHTML
```

(2) <div>标签绑定 onclick 事件——调用带参函数。

例:

```
<div id="onoff" onclick="run(this)">
```

(3) 标签元素类名更改。

例:

```
x.className="off";
```

(4) if 语句的应用。

例:

```
if(x.innerHTML=="开"){
}else{
}
```

条件相等必须用“==”表示，而不是用“=”表示。

【任务描述】

用 if 语句实现开关的功能，如图 2-12、图 2-13 所示。

(1)单击“关”时，切换为“开”。

(2)单击“开”时，切换为“关”。

(3)“开”与“关”设有不同的样式。

图 2-12

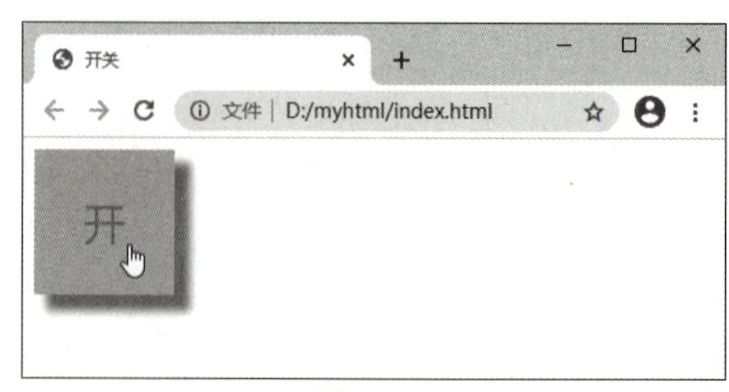

图 2-13

代码解读

```
<script>
  onoff.innerHTML="开";//设置 id 值为 onoff 元素内容为“开”
  onoff.className="on";//设置 id 值为 onoff 元素类样式为 on
  function run(x) {//定义函数 run(),带参数 x
      if(x.innerHTML=="开"){//如果 id 为 x 元素的内容等于“开”
        x.innerHTML="关";//设置 id 为 x 元素的内容为“关”
        x.className="off";//设置元素 x 的类样式为 off
      }else{//否则执行以下代码
        x.innerHTML="开";//设置元素 x 内容为“开”
        x.className="on";//设置元素 x 的类样式为 on
      }
  }
</script>
```

【操作步骤】

操作视频

(1)设置#onoff、.on、.off 样式，如图 2-14 所示。

(2)在<body>中创建<div id="onoff" onclick="run(this)">标签，绑定 onclick 事件执行 run(this)函数；JS 创建 run(x)函数，实现开关显示的功能，如图 2-15 所示。

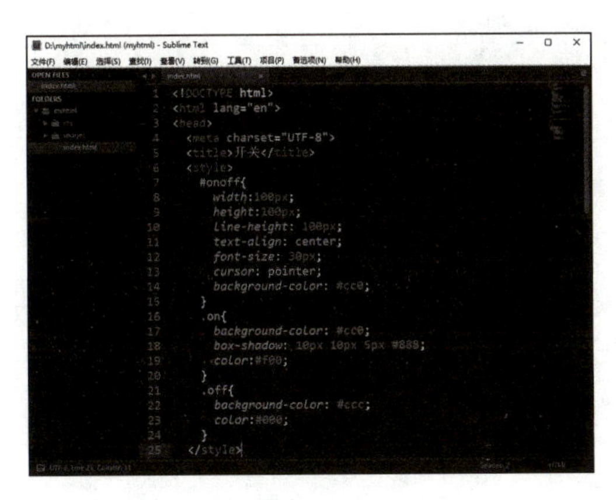

图 2-14

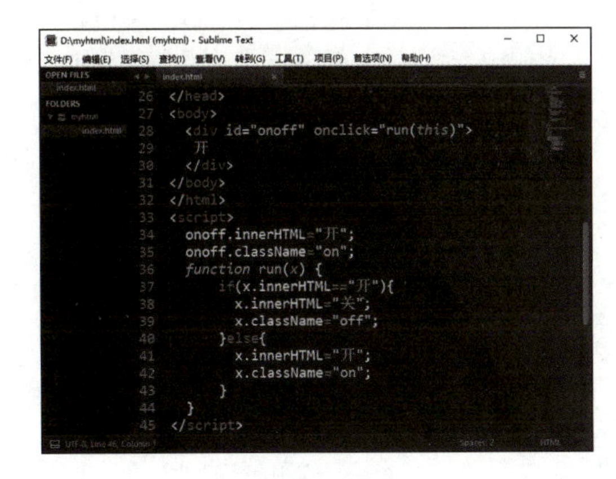

图 2-15

【参考代码】

```
1. <!DOCTYPE html>
2. <html lang="en">
3. <head>
4.   <meta charset="UTF-8">
5.   <title>开关</title>
6.   <style>
```

```
7.     #onoff{
8.        width:100px;
9.        height:100px;
10.       line-height: 100px;
11.       text-align: center;
12.       font-size: 30px;
13.       cursor: pointer;
14.       background-color: #cc0;
15.     }
16.    .on{
17.       background-color: #cc0;
18.       box-shadow: 10px 10px 5px #888;
19.       color:#f00;
20.     }
21.    .off{
22.       background-color: #ccc;
23.       color:#000;
24.     }
25.  </style>
26. </head>
27. <body>
28.     <div id="onoff" onclick="run(this)">
29.      开
30.     </div>
31.  </body>
32.  </html>
33.  <script>
34.     onoff.innerHTML="开";
35.     onoff.className="on";
36.     function run(x) {
37.        if(x.innerHTML=="开"){
38.          x.innerHTML="关";
39.          x.className="off";
40.        }else{
41.          x.innerHTML="开";
42.          x.className="on";
43.        }
44.  }
45. </script>
```

案例 5 图片的横向展示

技能知识

(1)获取元素集合，返回数组里面的第一个元素。

例：

```
vdiv.getElementsByTagName("ul")[0];
```

(2) 容器指定为 flex 布局，所有子元素呈现横向排列，子元素排列时中间留空白。

例：

```
vul.style.display="flex";
vul.style.justifyContent="space-between";
```

【任务描述】

实现图片常见的横向展示的效果，如图 2-16 所示。

(1)单击“横向排列”按钮，多张图片同行显示。

(2)单击“横向间隔”按钮，图片设置间隔。

(3)单击“去除点”按钮，图片左侧的点去除。

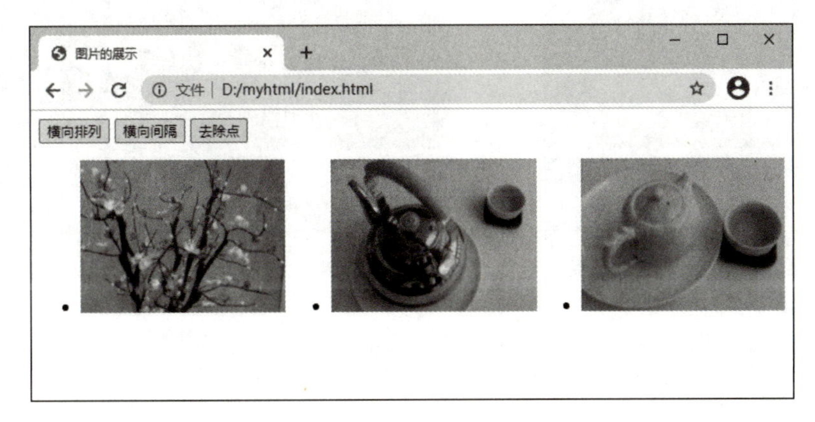

图 2-16

代码解读

```
var vdiv=document.getElementById("pic");//获取 pic 标签记录于变量 vdiv
var vul=vdiv.getElementsByTagName("ul")[0]; //获取所有第 0 号 ul 标签
function setrow(){
  vul.style.display="flex";//令 vul 内的子元素横向排列
}
function setrow2(){
  vul.style.display="flex";//令 vul 内的子元素横向排列
  vul.style.justifyContent="space-between";//令子元素排列时中间留空白
}
function setrow3(){
  vul.style.listStyle="none";//删去 li 前的小圆点
}
```

【操作步骤】

操作视频

（1）设置#pic img 样式；在<body>中创建 3 个<button>标签，绑定 onclick 事件，执行对应的函数；创建<div id="pic">标签，在<div id="pic">标签中创建<ul>标签，显示 3 张图片，如图 2-17 所示。

（2）JS 创建 setrow( ) 函数，执行 vul. style. display = " flex"；创建 setrow2( ) 函数，执行 vul. style. display = " flex"；vul. style. justifyContent = " space-between"；创建 setrow3( ) 函数，执行 vul. style. listStyle = " none"，如图 2-18 所示。

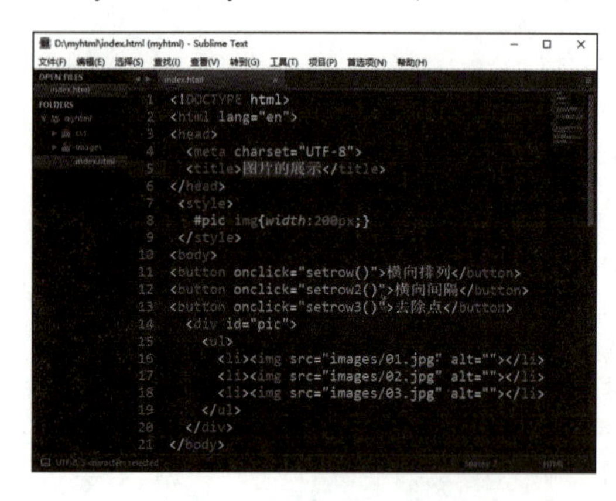

图 2-17

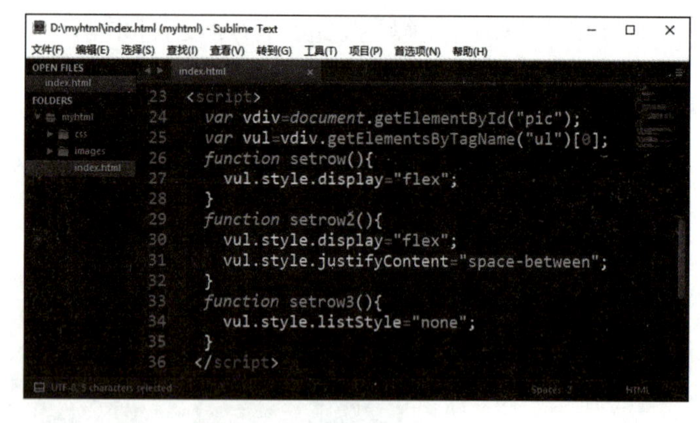

图 2-18

【参考代码】

```
1. <!DOCTYPE html>
2. <html lang="en">
3. <head>
4.   <meta charset="UTF-8">
5.   <title>图片的展示</title>
```

```
6. </head>
7.   <style>
8.     #pic img{width:200px;}
9.   </style>
10. <body>
11. <button onclick="setrow()">横向排列</button>
12. <button onclick="setrow2()">横向间隔</button>
13. <button onclick="setrow3()">去除点</button>
14.   <div id="pic">
15.     <ul>
16.       <li><img src="images/01.jpg" alt=""></li>
17.       <li><img src="images/02.jpg" alt=""></li>
18.       <li><img src="images/03.jpg" alt=""></li>
19.     </ul>
20.   </div>
21. </body>
22. </html>
23. <script>
24.   var vdiv=document.getElementById("pic");
25.   var vul=vdiv.getElementsByTagName("ul")[0];
26.   function setrow(){
27.     vul.style.display="flex";
28.   }
29.   function setrow2(){
30.     vul.style.display="flex";
31.     vul.style.justifyContent="space-between";
32.   }
33.   function setrow3(){
34.     vul.style.listStyle="none";
35.   }
36. </script>
37.
```

案例 6 背景图的处理

技能知识

（1）设置标签背景图片。

例：

```
vdiv.style.backgroundImage="url(images/pic.jpg)";
```

（2）重复背景图像。

例：

```
vdiv.style.backgroundRepeat="no-repeat";
vdiv.style.backgroundRepeat="repeat-x";
vdiv.style.backgroundRepeat="repeat";
```

【任务描述】

实现设置背景的几种效果，如图 2-19 所示。

（1）单击“设置背景图”按钮，实现设置指定区域的背景图。

（2）单击“清除背景图”按钮，清除背景图。

（3）单击“背景图（不重复）”按钮，设置的背景图不重复铺设。

（4）单击“背景图（重复 X 方向）”按钮，设置的背景图横向铺设。

（5）单击“背景图（重复）”按钮，设置的背景图重复铺设。

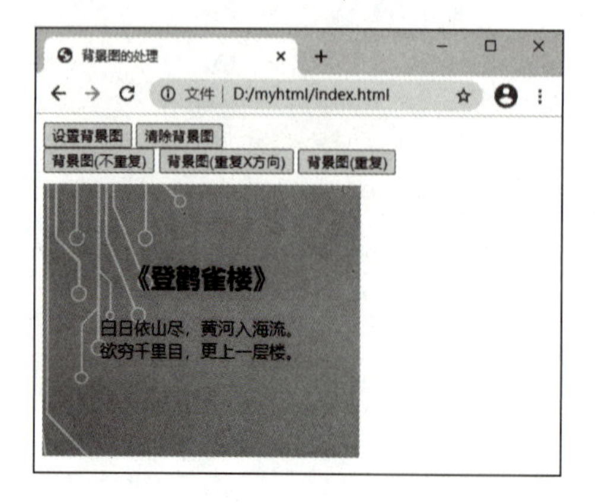

图 2-19

代码解读

```
var vdiv=document.getElementById("pic");//通过id名获取元素pic
function setpic(){
  vdiv.style.backgroundImage="url(images/pic.jpg)";//设置背景图片
}
function setclear(){
  vdiv.style.backgroundImage="";//删去背景图片
}
function setpic2(){
  vdiv.style.backgroundImage="url(images/pic2.jpg)";
  vdiv.style.backgroundRepeat="no-repeat";//背景图片不重复
}
function setpic3(){
  vdiv.style.backgroundImage="url(images/pic2.jpg)";
  vdiv.style.backgroundRepeat="repeat-x";//背景图片水平方向重复
}
function setpic4(){
  vdiv.style.backgroundImage="url(images/pic2.jpg)";
  vdiv.style.backgroundRepeat="repeat";//背景图片垂直和水平方向都重复
}
```

【操作步骤】

操作视频

(1)设置#pic样式；在<body>中创建多个<button>标签，绑定onclick事件，执行对应的函数；创建<div id="pic">标签，显示文本，如图2-20所示。

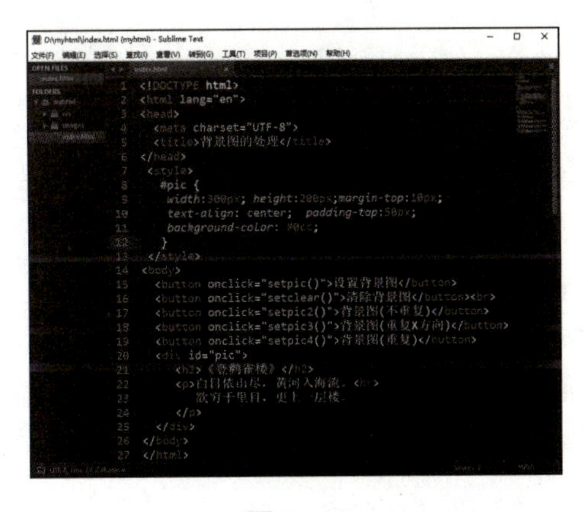

图2-20

(2)JS创建setpic()函数，执行vdiv.style.backgroundImage="url(images/pic.jpg)"；创建setclear()函数，执行vdiv.style.backgroundImage=""；创建setpic2()函数，执行vdiv.style.backgroundImage="url(images/pic2.jpg)"和vdiv.style.backgroundRepeat="no-repeat"；创建setpic3()函数，执行vdiv.style.backgroundImage="url(images/pic2.jpg)"和vdiv.style.

backgroundRepeat="repeat-x"；创建 setpic4()函数，执行 vdiv.style.backgroundImage="url(images/pic2.jpg)"和 vdiv.style.backgroundRepeat="repeat"，如图 2-21 所示。

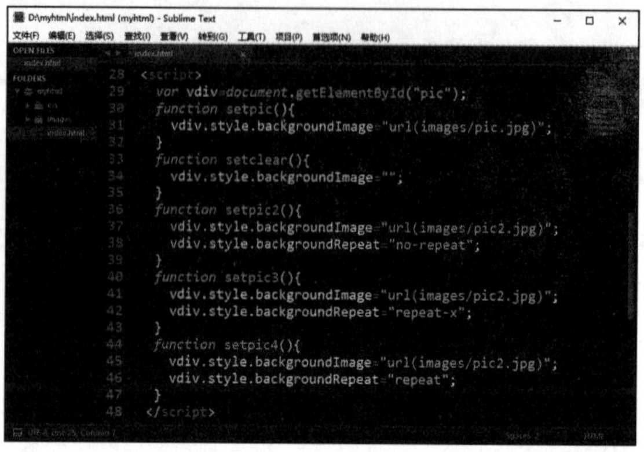

图 2-21

【参考代码】

```
1. <!DOCTYPE html>
2. <html lang="en">
3. <head>
4.   <meta charset="UTF-8">
5.   <title>背景图的处理</title>
6. </head>
7.   <style>
8.     #pic {
9.       width:300px; height:200px;margin-top:10px;
10.       text-align: center;  padding-top:50px;
11.       background-color: #0cc;
12.     }
13.   </style>
14. <body>
15. <button onclick="setpic()">设置背景图</button>
16. <button onclick="setclear()">清除背景图</button><br>
17. <button onclick="setpic2()">背景图(不重复)</button>
18. <button onclick="setpic3()">背景图(重复 X 方向)</button>
19. <button onclick="setpic4()">背景图(重复)</button>
20. <div id="pic">
21.    <h2>《登鹳雀楼》</h2>
22.    <p>白日依山尽,黄河入海流。<br>
23.    欲穷千里目,更上一层楼。
24.      </p>
25.   </div>
26. </body>
```

```
27. </html>
28. <script>
29. var vdiv=document.getElementById("pic");
30. function setpic(){
31.     vdiv.style.backgroundImage="url(images/pic.jpg)";
32.   }
33. function setclear(){
34.     vdiv.style.backgroundImage="";
35.   }
36. function setpic2(){
37.     vdiv.style.backgroundImage="url(images/pic2.jpg)";
38.     vdiv.style.backgroundRepeat="no-repeat";
39.   }
40. function setpic3(){
41.     vdiv.style.backgroundImage="url(images/pic2.jpg)";
42.     vdiv.style.backgroundRepeat="repeat-x";
43.   }
44. function setpic4(){
45.     vdiv.style.backgroundImage="url(images/pic2.jpg)";
46.     vdiv.style.backgroundRepeat="repeat";
47.   }
48. </script>
```

案例7 旋转标签

技能知识

(1)根据类名获取元素集。

例:

```
vdiv=document.getElementsByClassName("pic");
```

(2)元素的旋转。

例:

```
vdiv[0].style.transform="rotate(10deg)";
```

【任务描述】

实现旋转标签效果，如图 2-22 所示。

(1)在 div 标签中正常呈现图片和文本。

(2)单击“设置旋转角度”按钮，设置标签旋转效果。

(3)单击“还原”按钮，取消其中一个标签旋转效果。

图 2-22

代码解读

```
var vdiv=document.getElementsByClassName("pic");
//获取所有 class 名为 pic 的元素
function settf(){//定义函数 settf()
  vdiv[0].style.transform="rotate(10deg)";//第 0 号 vdiv 元素旋转 10 度
  vdiv[1].style.transform="rotate(5deg)"; //第 1 号 vdiv 元素旋转 5 度
}
function cleartf(){//定义函数 cleartf()
  vdiv[0].style.transform="rotate(10deg)"; //第 0 号 vdiv 元素旋转 10 度
  vdiv[1].style.transform="rotate(0deg)"; //第 1 号 vdiv 元素旋转 0 度
}
```

【操作步骤】

操作视频

(1)设置 . pic、. pic img 样式，如图 2-23 所示。

(2)在<body>中创建<button onclick="settf()">标签，绑定 onclick 事件，执行 settf()函数；创建<button onclick="cleartf()">标签，绑定 onclick 事件，执行 cleartf()函数；创建两个<div class="pic">标签，标签内显示图文内容，如图 2-24 所示。

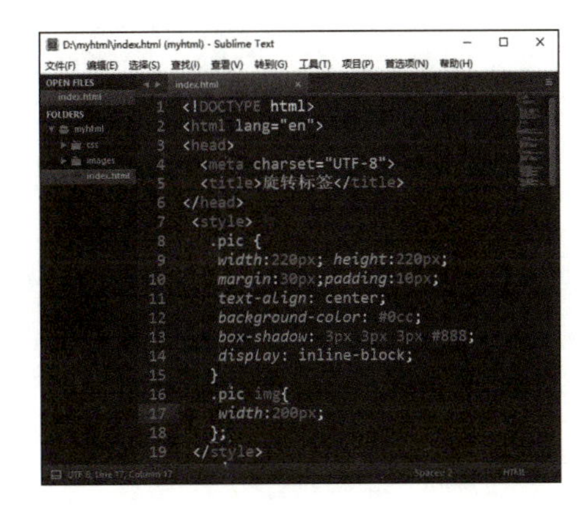

```
<!DOCTYPE html>
<html lang="en">
<head>
  <meta charset="UTF-8">
  <title>旋转标签</title>
</head>
 <style>
  .pic {
   width:220px; height:220px;
   margin:30px;padding:10px;
   text-align: center;
   background-color: #0cc;
   box-shadow: 3px 3px 3px #888;
   display: inline-block;
  }
  .pic img{
   width:200px;
  };
 </style>
```

图 2-23

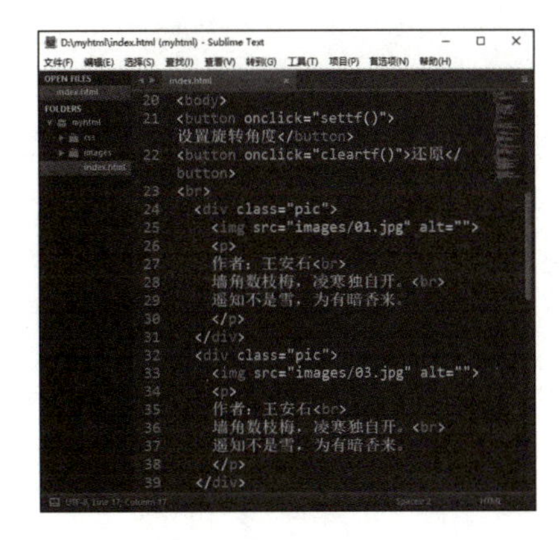

```
<body>
<button onclick="settf()">
设置旋转角度</button>
<button onclick="cleartf()">还原</
button>
<br>
 <div class="pic">
  <img src="images/01.jpg" alt="">
  <p>
  作者：王安石<br>
  墙角数枝梅，凌寒独自开，<br>
  遥知不是雪，为有暗香来。
  </p>
 </div>
 <div class="pic">
  <img src="images/03.jpg" alt="">
  <p>
  作者：王安石<br>
  墙角数枝梅，凌寒独自开，<br>
  遥知不是雪，为有暗香来。
  </p>
 </div>
```

图 2-24

(3) JS 创建 settf( ) 函数，执行 vdiv[0].style.transform="rotate(10deg)" 和 vdiv[1].style.transform="rotate(5deg)"；创建 cleartf( ) 函数，执行 vdiv[0].style.transform="rotate(10deg)" 和 vdiv[1].style.transform="rotate(0deg)"；如图 2-25 所示。

```
40  <script>
41    var vdiv=document.getElementsByClassName("pic");
42    function settf(){
43      vdiv[0].style.transform="rotate(10deg)";
44      vdiv[1].style.transform="rotate(5deg)";
45    }
46    function cleartf(){
47      vdiv[0].style.transform="rotate(10deg)";
48      vdiv[1].style.transform="rotate(0deg)";
49    }
50  </script>
51  </body>
52  </html>
```

图 2-25

【参考代码】

```
1. <!DOCTYPE html>
2. <html lang="en">
3. <head>
4.   <meta charset="UTF-8">
5.   <title>旋转标签</title>
6. </head>
7.   <style>
8.     .pic{
9.       width:220px; height:220px;
10.      margin:30px;padding:10px;
11.      text-align: center;
12.      background-color: #0cc;
13.      box-shadow: 3px 3px 3px #888;
14.      display: inline-block;
```

```
15.     }
16.     .pic img{
17.     width:200px;
18.     };
19.   </style>
20. <body>
21. <button onclick="settf()">设置旋转角度</button>
22. <button onclick="cleartf()">还原</button>
23. <br>
24.   <div class="pic">
25.     <img src="images/01.jpg" alt="">
26.     <p>
27.     作者:王安石<br>
28.     墙角数枝梅,凌寒独自开。<br>
29.     遥知不是雪,为有暗香来。
30.     </p>
31.   </div>
32.   <div class="pic">
33.     <img src="images/03.jpg" alt="">
34.     <p>
35.     作者:王安石<br>
36.     墙角数枝梅,凌寒独自开。<br>
37.     遥知不是雪,为有暗香来。
38.     </p>
39.   </div>
40. <script>
41. var vdiv=document.getElementsByClassName("pic");
42. function settf(){
43.     vdiv[0].style.transform="rotate(10deg)";
44.     vdiv[1].style.transform="rotate(5deg)";
45.   }
46. function cleartf(){
47.     vdiv[0].style.transform="rotate(10deg)";
48.     vdiv[1].style.transform="rotate(0deg)";
49.   }
50. </script>
51. </body>
52. </html>
```

案例 8 标签的索引号

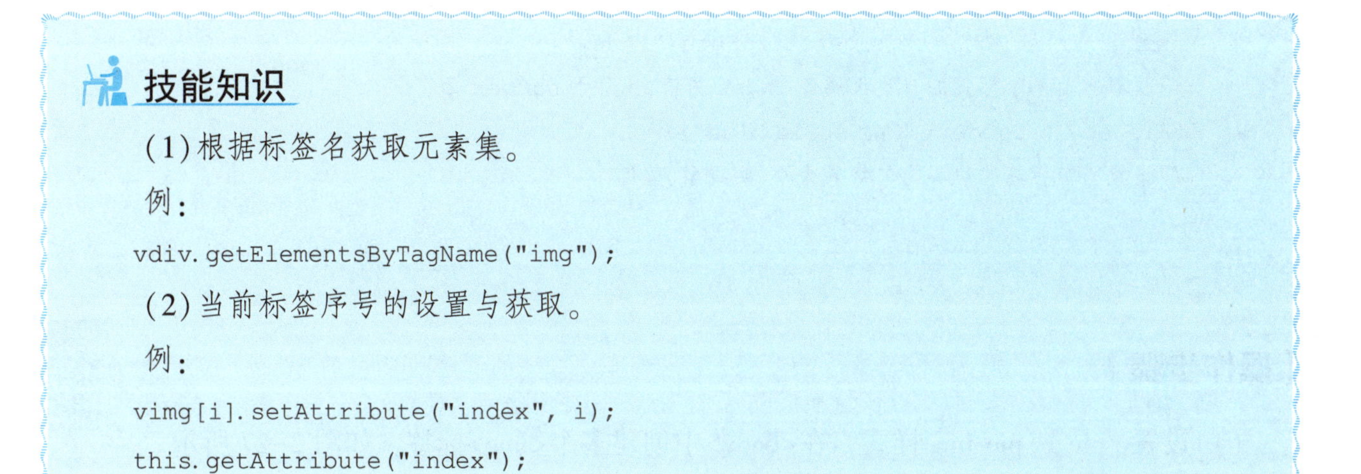

技能知识

(1) 根据标签名获取元素集。

例：

```
vdiv.getElementsByTagName("img");
```

(2) 当前标签序号的设置与获取。

例：

```
vimg[i].setAttribute("index", i);
this.getAttribute("index");
```

【任务描述】

实现点击图片显示图片索引号的功能，如图 2-26 所示。

(1) 显示一组图片。

(2) 单击任一张图片，显示图片在该组图片中的索引号。

(3) 被单击过的图片设置边框。

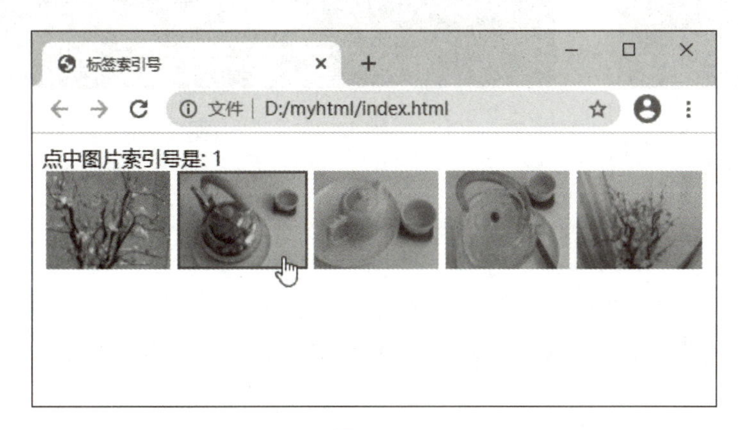

图 2-26

代码解读

```
var vdiv=document.getElementById("pic");//以 id 名获取 pic 标签
var vimg=vdiv.getElementsByTagName("img");//获取所有 img 标签
for(var i=0;i<vimg.length;i++){//遍历所有 vimg 标签
    vimg[i].setAttribute("index",i);
    //设置当前序号的 vimg 标签的自定义属性名为 index,index 值设为 i
    vimg[i].onclick=function(){//当前序号的 vimg 标签被单击时
    number.innerHTML=this.getAttribute("index");
    //获取当前序号标签的自定义属性 index 的值,显示于 number 标签中
    this.style.border="2px solid blue";
    //设置当前标签的边界为 2 像素大小、实线型、蓝色
  }
}
```

【操作步骤】

操作视频

(1)设置 .pic、.pic img 样式，在<body>中创建多个<img>标签，如图 2-27 所示。

(2)JS 代码采用 for(var i=0; i<vimg.length; i++){}语句遍历所有获取的<img>元素，实现单击当前图片时设置边框样式的功能，如图 2-28 所示。

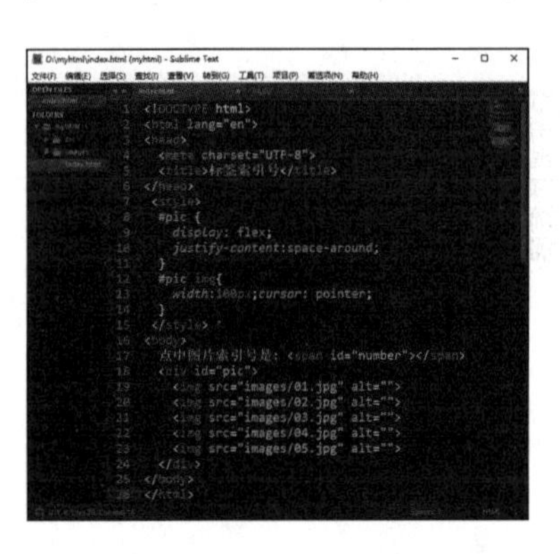

图 2-27

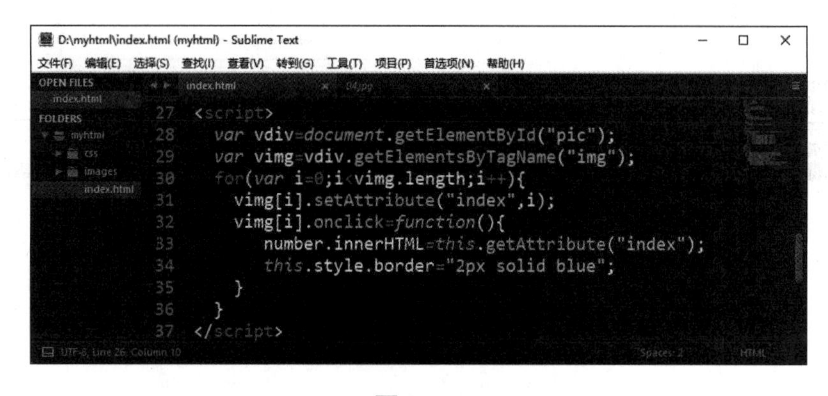

图 2-28

【参考代码】

```
1. <!DOCTYPE html>
2. <html lang="en">
3. <head>
4.   <meta charset="UTF-8">
5.   <title>标签索引号</title>
6. </head>
7.    <style>
8.   #pic {
9.     display: flex;
```

```
10.    justify-content:space-around;
11.  }
12.  #pic img{
13.    width:100px;cursor: pointer;
14.  }
15.  </style>
16. <body>
17.  点中图片索引号是: <span id="number"></span>
18.  <div id="pic">
19.    <img src="images/01.jpg" alt="">
20.    <img src="images/02.jpg" alt="">
21.    <img src="images/03.jpg" alt="">
22.    <img src="images/04.jpg" alt="">
23.    <img src="images/05.jpg" alt="">
24.  </div>
25. </body>
26. </html>
27. <script>
28. var vdiv=document.getElementById("pic");
29. var vimg=vdiv.getElementsByTagName("img");
30. for(var i=0;i<vimg.length;i++){
31.    vimg[i].setAttribute("index",i);
32.    vimg[i].onclick=function(){
33.       number.innerHTML=this.getAttribute("index");
34.       this.style.border="2px solid blue";
35.    }
36.  }
37. </script>
```

案例 9 显示九九表

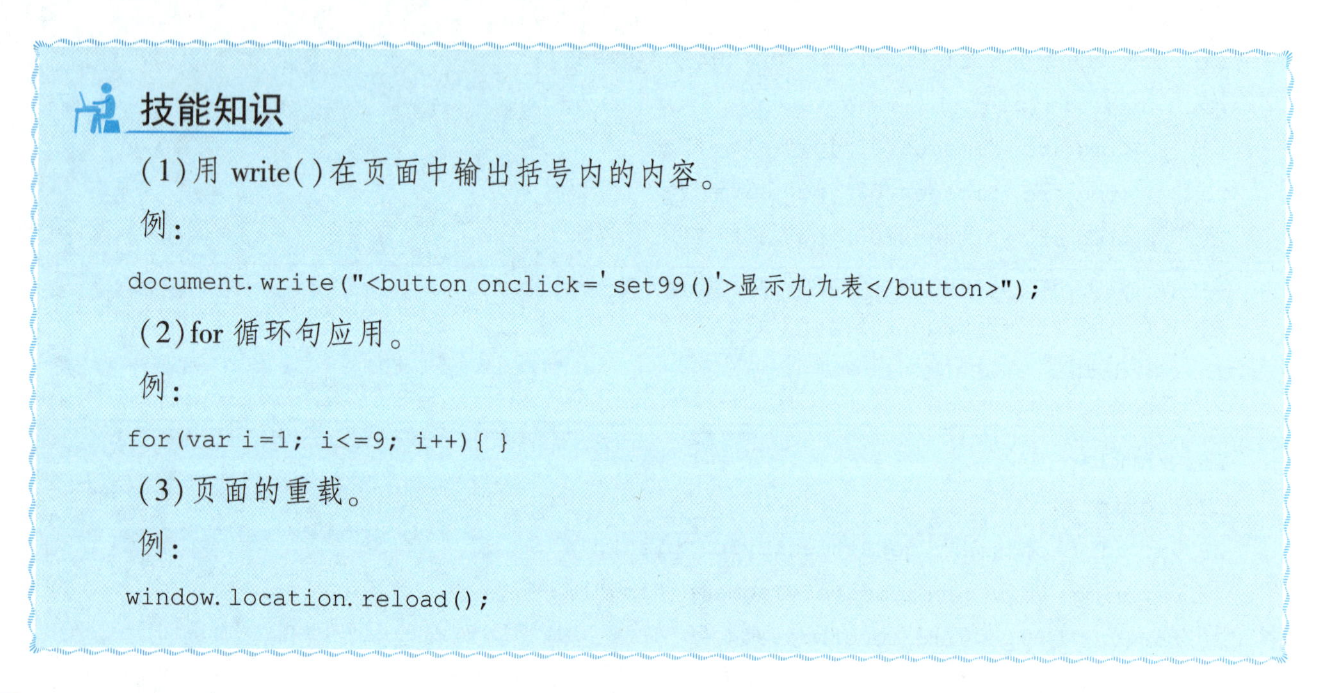

技能知识

（1）用 write( ) 在页面中输出括号内的内容。

例：

```
document.write("<button onclick='set99()'>显示九九表</button>");
```

（2）for 循环句应用。

例：

```
for(var i=1; i<=9; i++){ }
```

（3）页面的重载。

例：

```
window.location.reload();
```

【任务描述】

实现“九九表”输出的功能，如图 2-29 所示。

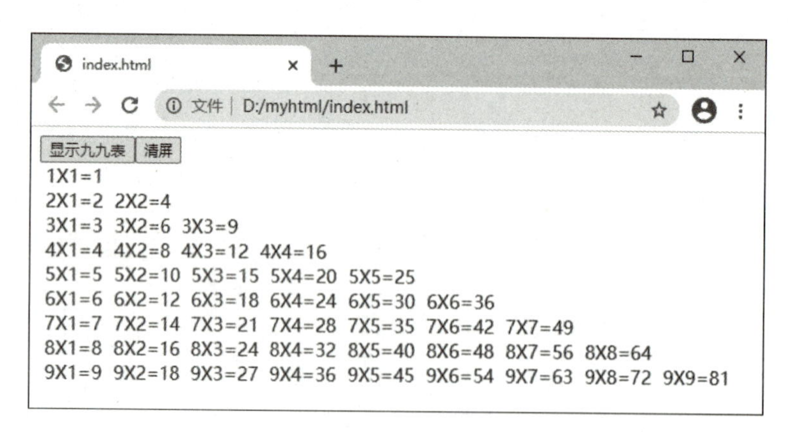

图 2-29

代码解读

```
function set99(){//定义函数 set99()
  document.write("<button onclick='set99()'>显示九九表</button>");
//在页面中输出 button 标签
```

```
    document.write("<button onclick='setinit()'>清屏</button>");
//在页面中输出 button 标签
    document.write("<br>");//在页面中输出<br>标签,实现换行效果
   for(var i=1;i<=9;i++){//循环 9 次,i 从 1 至 9
     for(var j=1;j<=i;j++){//循环 i 次,j 从 1 至 i
     document.write("<span style='margin:5px;'>"+i+"X"+j+"="+i* j+"</span>");
//输出一个 span 标签,标签外边界为 5px,内容为 iXj=i* j,显示的效果是 i 和 j 的值组成的乘法表达式
     }
     document.write("<br>");//在页面中输出<br>标签,实现换行效果
   }
}
function setinit(){
     window.location.reload();//重新载入页面,实现初始化的效果
}
```

【操作步骤】

操作视频

(1)设置 span 样式；在<body>中，创建<button onclick="set99()">显示九九表</button>标签，绑定 onclick 事件，执行 set99()函数；创建<button onclick="setinit()">清屏</button>标签，绑定 onclick 事件，执行 setinit()函数，如图 2-30 所示。

(2)JS 创建 set99()函数，实现输出九九表的功能；创建 setinit()函数，执行 window. location. reload()，实现刷新页面的效果，如图 2-31 所示。

图 2-30

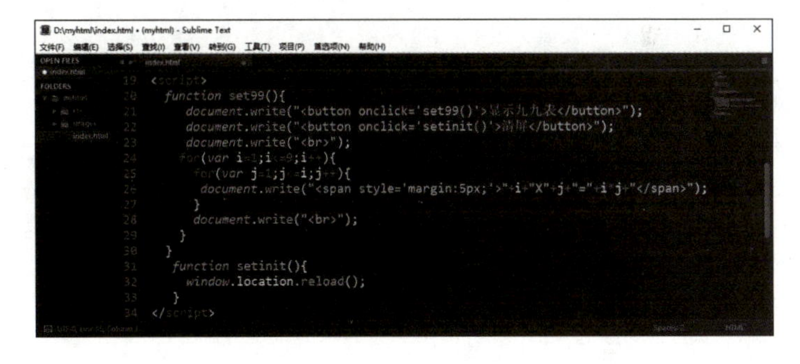

图 2-31

【参考代码】

```
1. <!DOCTYPE html>
2. <html lang="en">
3. <head>
4.    <meta charset="UTF-8">
5.    <title>显示九九表</title>
6. </head>
7.     <style>
```

```
8.   span{
9.     display: inline-block;
10.      margin:2px;
11.      background-color: green;
12.    }
13.   </style>
14.  <body>
15.    <button onclick="set99()">显示九九表</button>
16.    <button onclick="setinit()">清屏</button>
17. </body>
18. </html>
19. <script>
20.  function set99(){
21.    document.write("<button onclick='set99()'>显示九九表</button>");
22.    document.write("<button onclick='setinit()'>清屏</button>");
23.    document.write("<br>");
24.    for(var i=1;i<=9;i++){
25.     for(var j=1;j<=i;j++){
26.       document.write("<span style='margin:5px;'>"+i+"X"+j+"="+i* j+"</span>");
27.     }
28.     document.write("<br>");
29.    }
30.  }
31.    function setinit(){
32.     window.location.reload();
33.   }
34. </script>
```

案例 10 票数统计

技能知识

(1)获取数组元素的内容。

例：

```
this.getElementsByTagName('i')[0].innerHTML;
```

(2)用变量定义宽度。

例：

```
this.style.width=width+"% ";
```

(3)在数组元素显示数字。

例：

```
this.getElementsByTagName('i')[0].innerHTML=vn;
```

【任务描述】

实现票数的统计功能，如图 2-32 所示。

(1)设计适当的样式，显示候选人名单。

(2)单击人名时，每单击一次，对应的票数加 1。

(3)人名所在行的宽度随着票数增加而增长。

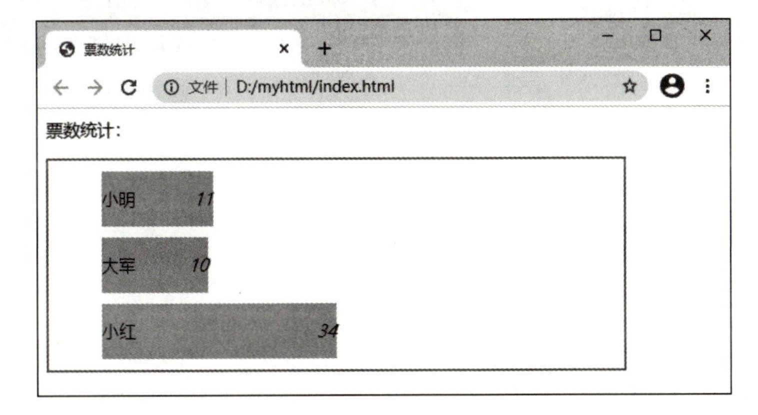

图 2-32

代码解读

```
var vul=document.getElementsByTagName("ul")[0];
//获取所有 ul 标签索引号为 0 的那一个,即是文档内最前面的一个 ul
var vli=vul.getElementsByTagName("li");//获了 vul 内的所有 li 元素
for(var i=0;i<vli.length;i++){//遍历所有的 vli 元素
  vli[i].onclick=function(){//当前 vli 元素被单击时执行函数
     var vn=this.getElementsByTagName('i')[0].innerHTML;
    //获取当前元素内的索引号为 0 的 i 标签的显示内容,即界面上显示的票数
     vn++;//票数加 1
     var width=10+vn;//宽度为 10 再加上票数,记录在变量 width
     this.style.width=width+"% ";//宽度设为总宽的 width%
     this.getElementsByTagName('i')[0].innerHTML=vn;//输出票数
  }
}
```

【操作步骤】

操作视频

（1）设置 ul、li 样式；在<body>创建多个<li>标签，显示候选人及票数信息，如图 2-33 所示。

（2）JS 使用 for(var i=0; i<vli.length; i++){}语句，遍历获取的所有 li 元素，绑定 onclick 事件，实现单击一次候选人得票数字时得票数增加的效果，如图 2-34 所示。

图 2-33

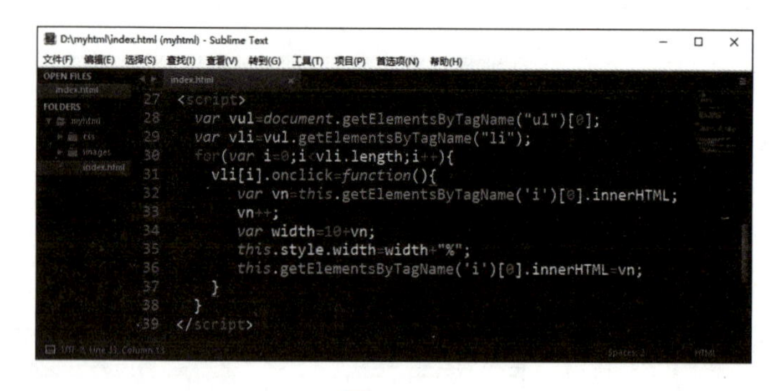

图 2-34

【参考代码】

```
1. <!DOCTYPE html>
2. <html lang="en">
3. <head>
4.    <meta charset="UTF-8">
5.    <title>票数统计</title>
6. </head>
7.    <style>
```

```
8.    ul{
9.      width:500px; border:2px solid red;
10.     }
11.    li{
12.      margin:10px; background-color: #0ee;
13.      height:50px; line-height: 50px;
14.      display: flex; cursor: pointer;
15.      justify-content: space-between;
16.     }
17.   </style>
18. <body>
19. 票数统计:
20.   <ul>
21.     <li style="width:10% ;"><span>小明</span><i>0</i></li>
22.     <li style="width:10% ;"><span>大军</span><i>0</i></li>
23.     <li style="width:10% ;"><span>小红</span><i>0</i></li>
24.   </ul>
25. </body>
26. </html>
27. <script>
28.   var vul=document.getElementsByTagName("ul")[0];
29.   var vli=vul.getElementsByTagName("li");
30.   for(var i=0;i<vli.length;i++){
31.     vli[i].onclick=function(){
32.       var vn=this.getElementsByTagName('i')[0].innerHTML;
33.       vn++;
34.       var width=10+vn;
35.       this.style.width=width+"% ";
36.       this.getElementsByTagName('i')[0].innerHTML=vn;
37.     }
38.   }
39. </script>
```

【单元小结】

在本单元的案例中，应用了 if 语句、for 语句，其中使用 for 语句实现遍历元素组。本单元讲解了获取标签元素、元素样式修改等技能的多种方法；案例 1、案例 2 讲解了图片样式的修改和应用；案例 3 讲解了<ul>标签属性的应用技能；案例 4 讲解了 if 语句的应用技巧；案例 5 讲解了图片组水平展示的实现方法；案例 6 讲解了背景图的更换；案例 7 讲解了标签的旋转；

案例 8 讲解了遍历元素集，处理元素索引号的应用技巧；案例 9 讲解了 for 语句的嵌套应用；案例 10 讲解了遍历元素集处理元素属性的技能。

【拓展任务】

拓展任务 1　添加相框

【任务描述】

实现图片添加边框的功能，如图 2-35、图 2-36 所示。

(1)单击“添加相框”按钮时，图片设置自定义的边框，实现相框效果。

(2)单击“不用相框”按钮时，图片去除自定义的边框。

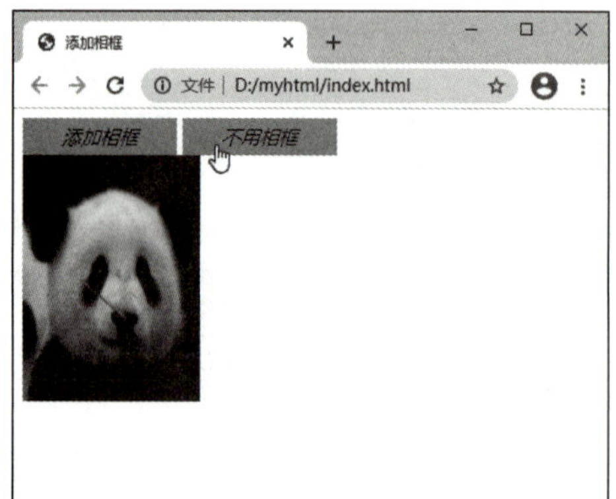

图 2-35　　图 2-36

【参考代码】

```
1. <!doctype html>
2. <html lang="en">
3. <head>
4.    <meta charset="UTF-8">
5.   <title>添加相框</title>
6.   <style>
7.     #icon i{
8.       display:inline-block;
9.       width:130px; height:30px;
10.      line-height: 30px;
11.      background-color:#0f0;
12.      text-align: center;cursor:pointer;
```

```
13.     }
14.     .setsize{
15.       width:150px; height:200px;
16.     }
17.     .picframe{
18.       border:10px  solid #bb0;
19.       width:150px; height:200px;
20.     }
21.   </style>
22. </head>
23. <body>
24.   <div id="icon">
25.      <i>添加相框</i>
26.      <i>不用相框</i>
27.   </div>
28. <img id="pic" src="images/pic.jpg" class="setsize">
29. </body>
30. <script>
31.   var vpic = document.getElementById("pic");
32.   var vicon =document.getElementById("icon").getElementsByTagName("i");
33.   vicon[0].onclick=function(){
34.   vpic.setAttribute("class","picframe");
35. }
36. vicon[1].onclick=function(){
37.   vpic.setAttribute("class","setsize");
38. }
39. </script>
40. </html>
```

拓展任务2　形状的切换

【任务描述】

用if语句实现控制元素形状的功能，如图2-37、图2-38所示。

(1)单击"圆"时，形状变为方形，显示"方"。

(2)单击"方"时，形状变为圆形，显示"圆"。

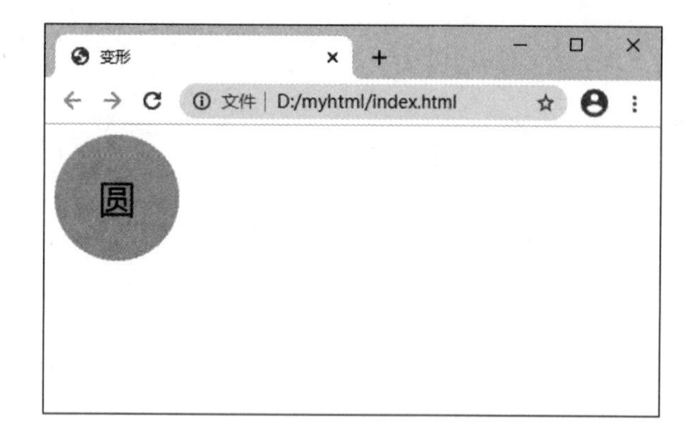

图 2-37

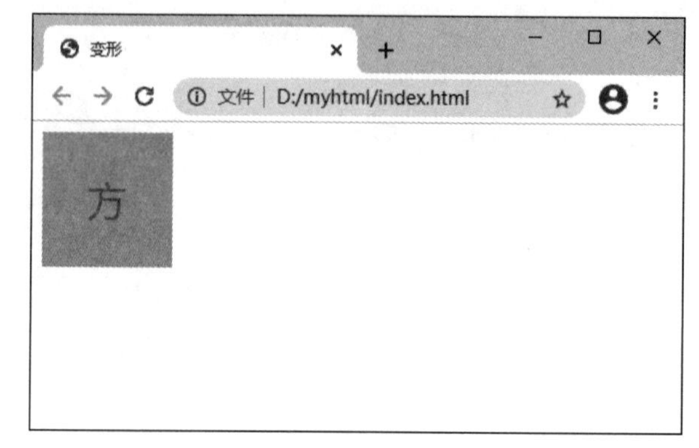

图 2-38

【参考代码】

```
1. <!DOCTYPE html>
2. <html lang="en">
3. <head>
4.   <meta charset="UTF-8">
5.   <title>变形</title>
6.   <style>
7.     #box{
8.       width:100px; height:100px;
9.       line-height: 100px; text-align: center;
10.      font-size: 30px;  cursor: pointer;
11.      background-color: #cc0;
12.    }
13.    .rect{
14.      background-color: #cc0;
15.      color:#f00; border-radius: 0;
16.    }
17.    .cicle{
18.      background-color: #ccc;
19.      color:#000; border-radius: 50% ;
20.    }
21.   </style>
22. </head>
23. <body>
24.   <div id="box" onclick="run(this)">方</div>
25. </body>
26. </html>
27. <script>
28.   onoff.innerHTML="圆";
```

```
29.  onoff.className="cicle";
30.  function run(x){
31. if(x.innerHTML=="方"){
32.         x.innerHTML="圆";
33.         x.className="cicle";
34.       }else{
35.         x.innerHTML="方";
36.         x.className="rect";
37.       }
38.  }
39. </script>
```

拓展任务3　图片的纵向横向展示

【任务描述】

实现图片的纵向、横向展示的效果，如图2-39、图2-40所示。

(1)启动时，多张图片横向展示。

(2)单击“纵向排列”按钮，图片纵向排列。

(3)单击“横向排列”按钮，图片横向排列。

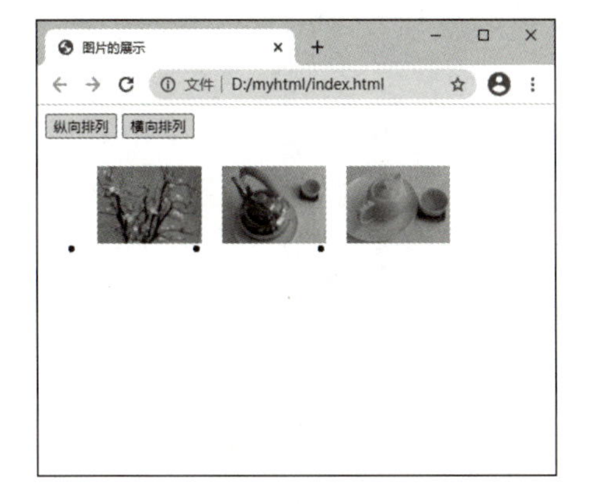

图2-39

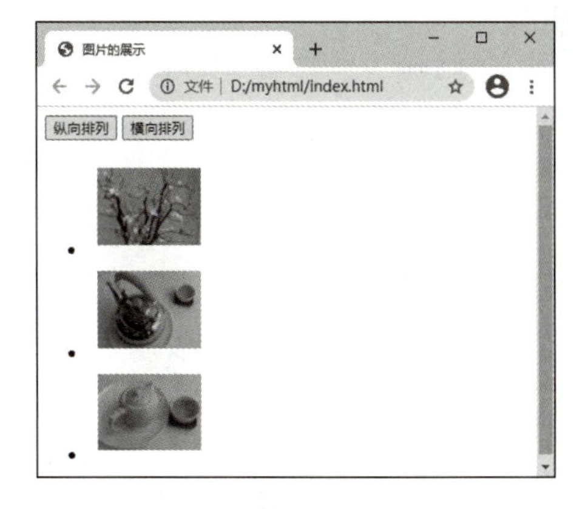

图2-40

【参考代码】

```
1. <!DOCTYPE html>
2. <html lang="en">
3. <head>
4.   <meta charset="UTF-8">
5.   <title>图片的展示</title>
```

```
6. </head>
7.   <style>
8.    #pic img{width:100px;margin:10px;}
9.    .setborder{
10.       border:5px solid #cc0;
11.     }
12.   </style>
13. <body>
14.   <button onclick="setcol()">纵向排列</button>
15.   <button onclick="setrow()">横向排列</button>
16.   <div id="pic">
17.     <ul>
18.       <li><img src="images/01.jpg"></li>
19.       <li><img src="images/02.jpg"></li>
20.       <li><img src="images/03.jpg"></li>
21.     </ul>
22.   </div>
23. </body>
24. </html>
25. <script>
26.   var vdiv=document.getElementById("pic");
27.   var vul=vdiv.getElementsByTagName("ul")[0];
28.   vul.style.display="flex";
29.   function setcol(){
30.     vul.style.display="";
31.   }
32.   function setrow(){
33.     vul.style.display="flex";
34.   }
35. </script>
```

拓展任务 4　设置不同的背景图

【任务描述】

实现设置不同的背景图的效果，如图 2-41 所示。

(1)启动时，不设置背景图。

(2)单击不同的按钮，设置不同的背景图。

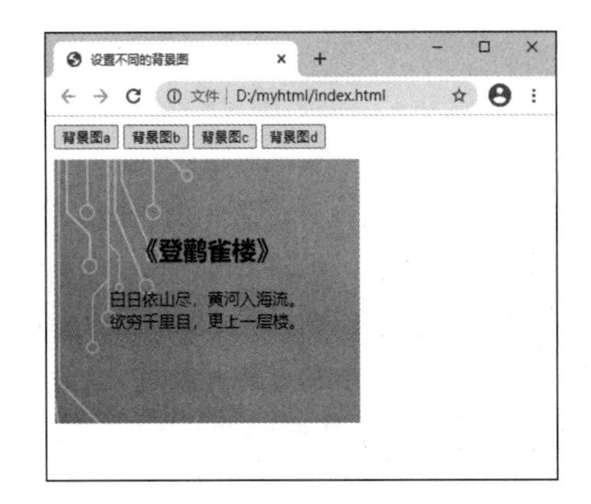

图 2-41

【参考代码】

```
1. <!DOCTYPE html>
2. <html lang="en">
3. <head>
4.   <meta charset="UTF-8">
5.   <title>设置不同的背景图</title>
6. </head>
7.    <style>
8.     #pic {
9.        width:300px; height:200px;margin-top:10px;
10.       text-align: center;  padding-top:50px;
11.       background-color: #0cc;
12.      }
13.    </style>
14. <body>
15.   <button onclick="setpica()">背景图 a</button>
16.   <button onclick="setpicb()">背景图 b</button>
17.   <button onclick="setpicc()">背景图 c</button>
18.   <button onclick="setpicd()">背景图 d</button>
19.   <div id="pic">
20.      <h2>《登鹳雀楼》</h2>
21.      <p>白日依山尽,黄河入海流。<br>
22.        欲穷千里目,更上一层楼。
23.      </p>
24.   </div>
25. </body>
26. </html>
27. <script>
28.   var vdiv=document.getElementById("pic");
```

```
29.  function setpica(){
30.    vdiv.style.backgroundImage="url(images/pica.jpg)";
31.  }
32.  function setpicb(){
33.    vdiv.style.backgroundImage="url(images/picb.jpg)";
34.  }
35.  function setpicc(){
36.    vdiv.style.backgroundImage="url(images/picc.jpg)";
37.  }
38.  function setpicd(){
39.    vdiv.style.backgroundImage="url(images/picd.jpg)";
40.  }
41.   </script>
```

拓展任务 5　持续旋转

【任务描述】

实现控制标签旋转的功能，如图 2-42 所示。

(1)单击“顺时针转动”按钮，标签顺时针转动。

(2)单击“逆时针转动”按钮，标签逆时针转动。

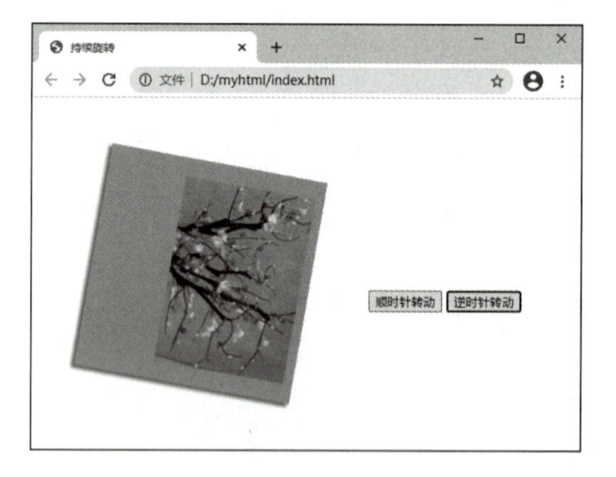

图 2-42

【参考代码】

```
1. <!DOCTYPE html>
2. <html lang="en">
3. <head>
4.    <meta charset="UTF-8">
```

```
5.  <title>持续旋转</title>
6. </head>
7.   <style>
8.    .pic{
9.       width:220px; height:220px;
10.      margin:60px;padding:10px;
11.      text-align: center;
12.      background-color: #0cc;
13.      box-shadow: 3px 3px 3px #888;
14.      display: inline-block;
15.    }
16.  .pic img{
17.    width:200px;
18.   };
19. </style>
20. <body>
21.   <div class="pic">
22.      <img src="images/01.jpg" alt="">
23.   </div>
24.   <button onclick="setright()">顺时针转动</button>
25.   <button onclick="setleft()">逆时针转动</button>
26. </body>
27. </html>
28. <script>
29.   var vdiv=document.getElementsByClassName("pic");
30.   deg=0;
31.   function setright(){
32.     deg=deg+10;
33.     vdiv[0].style.transform="rotate("+deg+"deg)";
34.   }
35.   function setleft(){
36.     deg=deg-10;
37.     vdiv[0].style.transform="rotate("+deg+"deg)";
38.   }
39. </script>
```

拓展任务 6 谁的点击量多

【任务描述】

实现显示点击量的功能，如图 2-43 所示。

(1) 显示一组图片。

(2) 单击任一张图片，显示图片在该组图片中的索引号。

(3) 统计每张图片的点击量。

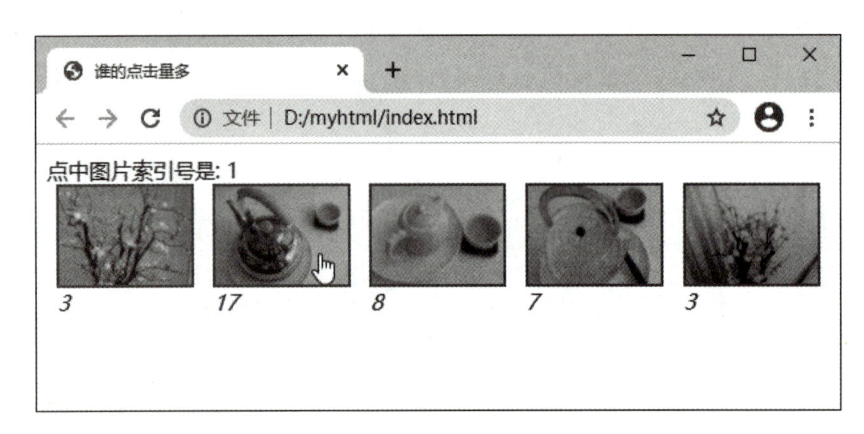

图 2-43

【参考代码】

```
1. <!DOCTYPE html>
2. <html lang="en">
3. <head>
4.   <meta charset="UTF-8">
5.   <title>谁的点击量多</title>
6. </head>
7.    <style>
8.      #pic {
9.         display: flex;
10.        justify-content:space-around;
11.      }
12.      #pic img{
13.        width:100px;cursor: pointer;
14.        display:block;
15.      }
16.    </style>
17. <body>
```

```
18.  点中图片索引号是: <span id="number"></span>
19.  <div id="pic">
20.    <div><img src="images/01.jpg"><i>0</i></div>
21.    <div><img src="images/02.jpg"><i>0</i></div>
22.    <div><img src="images/03.jpg"><i>0</i></div>
23.    <div><img src="images/04.jpg"><i>0</i></div>
24.    <div><img src="images/05.jpg"><i>0</i></div>
25.  </div>
26.</body>
27.</html>
28.<script>
29.    var num=new Array(0,0,0,0,0);
30.    var vdiv=document.getElementById("pic");
31.    var vimg=vdiv.getElementsByTagName("img");
32.    var vi=vdiv.getElementsByTagName("i");
33.    for(var i=0;i<vimg.length;i++){
34.        vimg[i].setAttribute("index",i);
35.        vimg[i].onclick=function(){
36.        var i=this.getAttribute("index");
37.      number.innerHTML=i;
38.      num[i]++;
39.      vi[i].innerHTML=num[i];
40.      this.style.border="2px solid blue";
41.    }
42.  }
43.</script>
```

PROJECT 3 单元 3

交互应用案例

学习目标

通过本单元的学习，掌握按下键盘触发的 onkeydown 事件在控制动画的应用，掌握 onclick 事件打开新窗口的功能实现过程，学会用数组实现图片浏览的方法；掌握如何更改元素的图片；学会快捷菜单、创建自定义弹窗、数组元素处理等基本技能；掌握使用 for 语句遍历元素的应用技巧。

【知识导引】

1. window. onload( ) 方法

window. onload( ) 方法用于在网页加载(包括图片、CSS 文件等)完毕后再执行的操作，即当 HTML 文档加载完毕后，再执行括号内的脚本代码。

为什么使用 window. onload( )?

代码是顺序执行的，可以看作是从上到下逐条执行，但是因为 JavaScript 中的许多函数方法需要在 HTML 文档渲染完成后才可以正常使用，如果没有渲染完成，此时的文档内容是不完整的，这样在调用一些 JavaScript 代码时就可能报出“undefined”错误。

2. 什么是数组?

数组是一种特殊的变量，它能够一次存放一个以上的值。JavaScript 数组用于在单一变量中存储多个值。

如果有一个项目清单(如班级名单)，在单个变量中存储班级名单应该是这样的：

```
var stuname1 = "小明";
var stuname2 = "小红";
var stuname3 = "小燕";
……
```

若希望遍历一张几百人的名单中找到一个人的名，解决方法就是数组。数组可以用一个单一的名称存放很多值，并且可以通过引用索引号来访问这些值。

例：定义数组 stuname，记录多个姓名

```
var stuname = ["小明","小红","小燕"];
```

返回第一个人的姓名可用 stuname [0]；返回最后一个人的姓名可用 stuname [stuname. length - 1]，stuname. length 表示数组的长度。

3. onkeydown 事件

onkeydown 事件会在用户按下一个键盘按键时发生。

不同的浏览器获取 onkeydown 事件的方式会有差异，例如，IE 浏览器使用 event. keyCode，火狐浏览器使用 e. whitch。

4. window open( ) 方法

open( )方法用于打开一个新的浏览器窗口或查找一个已命名的窗口。

例：打开一个新的浏览器窗口，指定宽度为 200，高度为 100，并在窗口中显示一个<P>标签

```
function openWin(){
  myWindow=window.open('','','width=200,height=100');
  myWindow.document.write("<p>这是'我的窗口'</p>");
}
```

5. Math 对象

Math 对象用于执行数学任务。

例：

```
Math.random();//返回 0 ~ 1 之间的随机数
Math.floor(x);//对数 x 进行向下取整
Math.sin(x);//返回数 x 的正弦值
Math.cos(x);//返回数 x 的余弦值
```

案例 1 键盘控制动画左右移

技能知识

(1)在 document 文档加载完成后执行函数。

例：

```
window.onload=function(){}
```

(2)在页面按下键盘时触发的函数及参数 e 的获取。e.keyCode 表示所按下的键的 ASCII 码，在函数中应用 switch 语句可以实现按下不同的键执行不同的命令。

例：

```
document.onkeydown = function(e){
   switch(e.keyCode){
      case 37:
      break;
      case 39:
      break;
   }
}
```

【任务描述】

实现键盘控制动画向左或向右移动的功能，如图 3-1 所示。

(1)键盘按下【→】键时，动画向右转，并向右移动。

(2)键盘按下【←】键时，动画向左转，并向左移动。

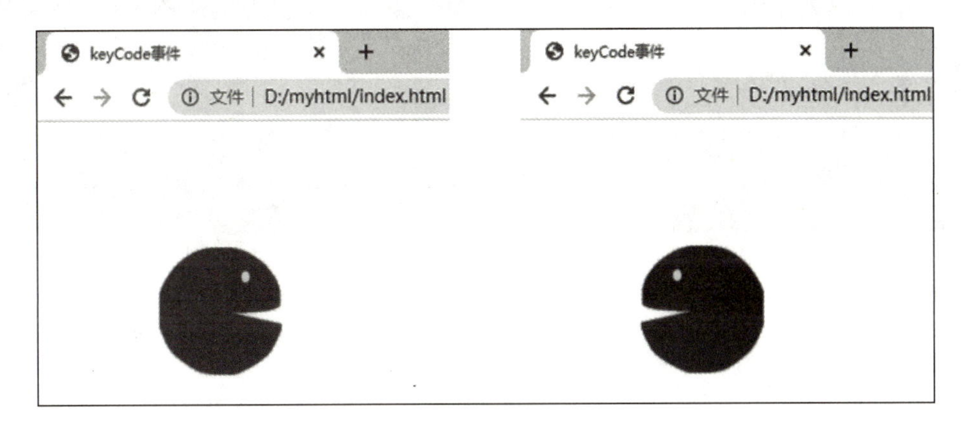

图 3-1

代码解读

```
window.onload=function(){//在 document 文档加载完成后进行以下操作
  var vmike = document.getElementById("mike");//获取 mike 标签
  document.onkeydown = function(e){//当键盘有 onkeydown 事件时,执行函数
    e=e||window.event;//有些浏览器用 e,有些浏览器用 window.event
    switch(e.keyCode){//keyCode 是当前的这个键值对应的 ASCII 码
      case 37://键盘上按【←】键时
        vmike.style.left = vmike.offsetLeft-2+"px";//左边距减少 2 像素(px)
        vmike.style.transform="scaleX(-1)";//方向调整为向左转
      break;
      case 39://键盘上按【→】键时
        vmike.style.left = vmike.offsetLeft+2+'px';//左边距增加 2 像素(px)
        vmike.style.transform="scaleX(1)";//方向调整为向右转
      break;
    }
  }
}
```

【操作步骤】

操作视频

(1)设置#mike 样式；在<body>中创建<img id="mike" src="images/pic.gif">标签，如图 3-2 所示。

（2）JS 创建事件代码 document. onkeydown = function(e){}，实现当键盘【←】键或【→】键按下时，控制图片向左或向右移动的功能，如图 3-3 所示。

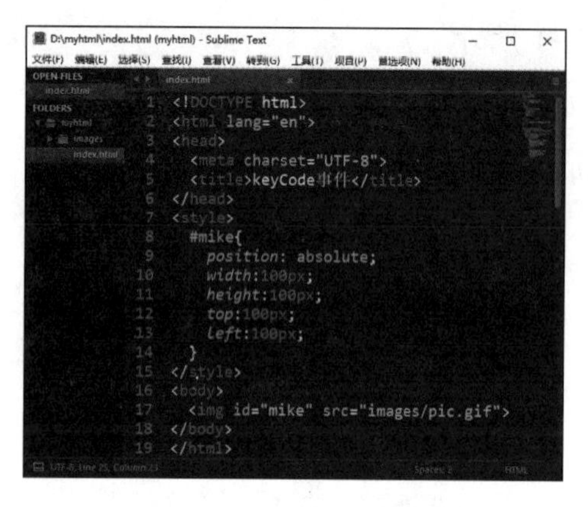

图 3-2

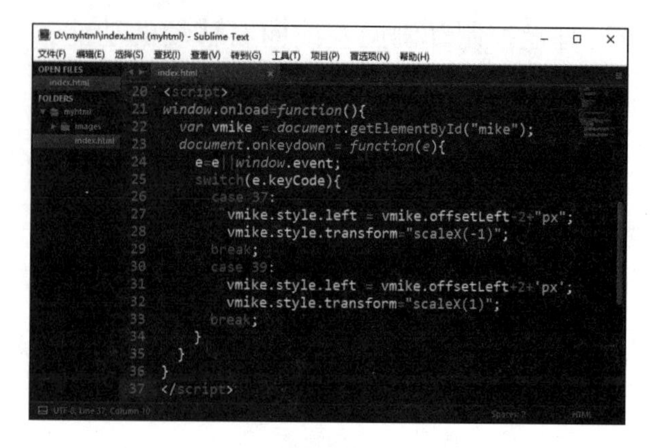

图 3-3

【参考代码】

```
1. <!DOCTYPE html>
2. <html lang="en">
3. <head>
4.   <meta charset="UTF-8">
5.   <title>keyCode 事件</title>
6. </head>
7. <style>
8.   #mike{
9.      position: absolute;
10.     width:100px;
11.     height:100px;
12.     top:100px;
13.     left:100px;
14.   }
15. </style>
16. <body>
17.   <img id="mike" src="images/pic.gif">
18. </body>
19. </html>
20. <script>
21. window.onload=function(){
22.   var vmike = document.getElementById("mike");
23.   document.onkeydown = function(e){
24.     e=e||window.event;
25.     switch(e.keyCode){
26.       case 37:
27.         vmike.style.left = vmike.offsetLeft-2+"px";
```

```
28.         vmike.style.transform="scaleX(-1)";
29.       break;
30.       case 39:
31.         vmike.style.left = vmike.offsetLeft+2+'px';
32.         vmike.style.transform="scaleX(1)";
33.       break;
34.     }
35.   }
36. }
37. </script>
38.
```

案例 2 查看诗词

技能知识

(1) write( ) 输出<p>标签。

例:

```
win.document.write("<p>白日依山尽，黄河入海流。</p>");
```

(2) 弹出新窗口，内容为空，标题为 win1，宽为 250，高为 300。

例:

```
win=window.open('', 'win1', 'width=250, height=300');
```

(3) 打开新建窗口，窗口中显示指定页面文件的内容。

例:

```
window.open('index2.html', 'win2', 'width=300, height=300');
```

【任务描述】

单击页面上的诗名，可弹出新的窗口显示对应的诗词内容，如图 3-4 所示。

(1) 弹出的新窗口设有指定的宽度、高度以及对应的标题。

(2) 第一个新窗口内容采用 document. write 实现。

(3) 第二个新窗口内容采用网页 index2. html 实现。

代码解读

```
function openWin(){
  win=window.open('','win1','width=250,height=300');
  //设置弹出窗口的名称为 win1,宽度为 250px,height 为 300px
  win.document.write("<h2 style='color:red;'>《登鹳雀楼》</h2>");
  //在窗口中输出 h2 标签及内容
  win.document.write("<p>白日依山尽,黄河入海流。</p>");
  win.document.write("<p>欲穷千里目,更上一层楼。</p>");
  //在窗口中输出<p>标签及内容
  win.document.write("<title>《登鹳雀楼》</title>");
  //设置窗口的标题内容
}
function openWin2(){
  win=window.open('index2.html','win2','width=300,height=300');
  //弹出窗口的名称为 win2,窗口中显示的内容来自 index2.html
}
```

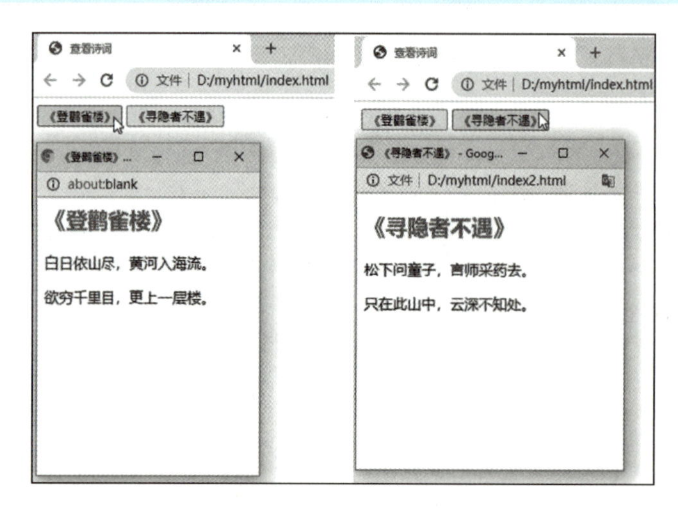

图 3-4

【操作步骤】

(1) JS 创建 openWin( ) 函数，实现打开新窗口并显示内容的功能；创建 openWin2 ( ) 函数，实现打开新窗口并显示 index2. html 内容的功能；在<body>中创建两个按钮标签，绑定 onclick 事件执行对应的函数，如图 3-5 所示。

(2) 创建 index2. html 文件，完成页面内容，如图 3-6 所示。

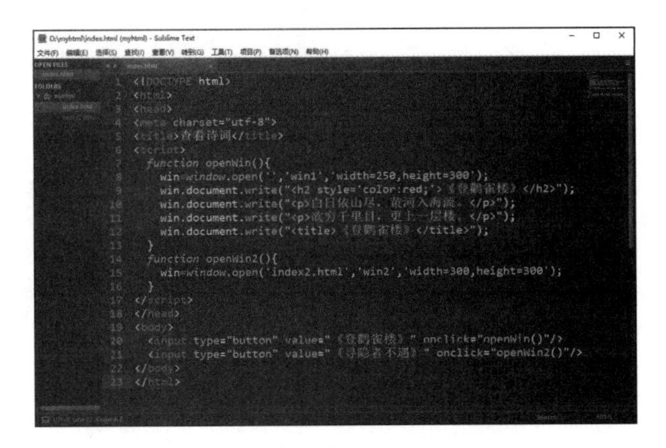

图 3-5

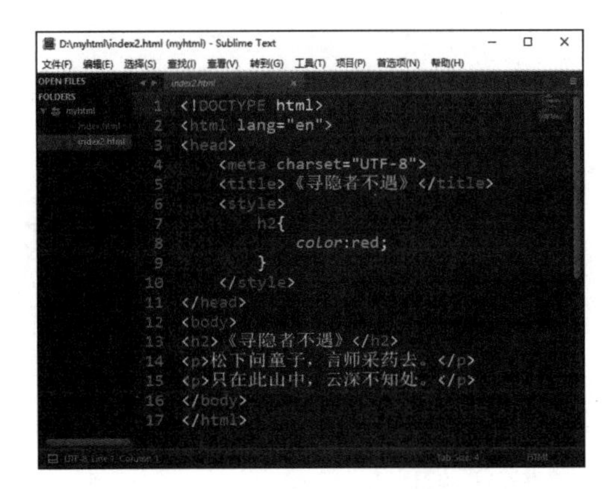

图 3-6

【参考代码】

```
1. <!DOCTYPE html>
2. <html>
3. <head>
4. <meta charset="utf-8">
5. <title>查看诗词</title>
6. <script>
7. function openWin(){
8.      win=window.open('','win1','width=250,height=300');
9.      win.document.write("<h2 style='color:red;'>《登鹳雀楼》</h2>");
10.     win.document.write("<p>白日依山尽,黄河入海流。</p>");
11.     win.document.write("<p>欲穷千里目,更上一层楼。</p>");
12.     win.document.write("<title>《登鹳雀楼》</title>");
13.   }
14.   function openWin2(){
15.     win=window.open('index2.html','win2','width=300,height=300');
16.   }
17. </script>
18. </head>
19. <body>
20.   <input type="button" value="《登鹳雀楼》" onclick="openWin()"/>
21.   <input type="button" value="《寻隐者不遇》" onclick="openWin2()"/>
22. </body>
23. </html>
```

案例3 数组实现图片浏览

技能知识

(1)使用数组变量记录图片文件名的方法。

例：

```
vimg=['images/p1.jpg','images/p2.jpg','images/p3.jpg'];
```

(2)数组变量的长度。

例：

```
i=vimg.length;
```

(3)判断变量是否与数组的长度相等。

例：

```
if(i==vimg.length){}
```

(4)更改图像元素的图片。

例：

```
document.getElementById('imgid').src=vimg[i];
```

【任务描述】

用数组存储图片信息，实现图片浏览功能，如图3-7所示。

(1)单击“上一张”按钮，显示上一张图片。

(2)单击“下一张”按钮，显示下一张图片。

图3-7

代码解读

```
var vimg=['images/p1.jpg','images/p2.jpg','images/p3.jpg'];
//定义数据变量 vimg,记录图片的路径
var i=0;
window.onload=function(){//在网页加载完成后执行 function()
  document.getElementById('prev').onclick=prev;
  //鼠标单击 id=prev 的标签时执行 prev 函数
  document.getElementById('next').onclick=next;
  //鼠标单击 id=next 的标签时执行 next 函数
}
function prev(){//定义 prev 函数
  if(i==0){
    //i 等于 0 时执行 i=vimg.length,当浏览到最前一张图片时,循环到最后,显示最后一张图
    i=vimg.length;//将数组 vimg 的长度赋值给 i
  }
  i--;
  document.getElementById('imgid').src=vimg[i];
  //将 imgid 的图像设置为 vimg 第 i 个元素的图片
}
function next(){
  i++;
  if(i==vimg.length){
    //i 等于 vimg.length 时执行 i=0,当浏览到最后一张图片时,循环到最前,显示第一张图
    i=0;
  }
  document.getElementById('imgid').src=vimg[i];
  //imgid 的图像设置为 vimg 第 i 号元素的图片
}
```

【操作步骤】

操作视频

（1）在<body>中创建<img src="images/p1.jpg" id="imgid" width="300px;">标签显示图片，创建标签<input type="button" value="上一张" id="prev">和<input type="button" value="下一张" id="next">，如图 3-8 所示。

（2）JS 创建 prev()函数，实现 i 减少时显示上一张图片的功能；JS 创建 next()函数，实现 i 增加时显示下一张图片的功能，如图 3-9 所示。

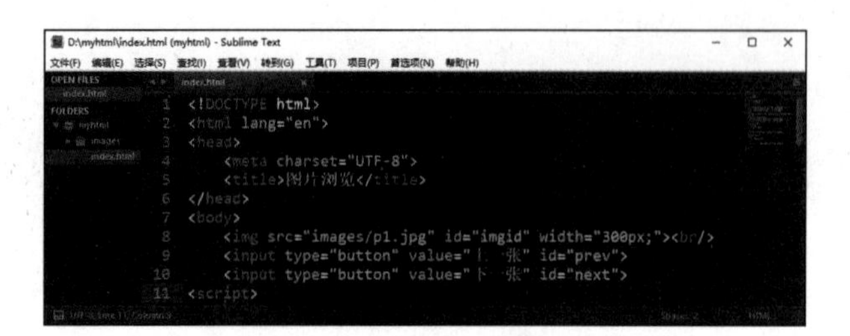

图 3-8

图 3-9

【参考代码】

```
1. <!DOCTYPE html>
2. <html lang="en">
3. <head>
4.     <meta charset="UTF-8">
5.     <title>图片浏览</title>
6. </head>
7. <body>
8.     <img src="images/p1.jpg" id="imgid" width="300px;"><br/>
9.     <input type="button" value="上一张" id="prev">
10.    <input type="button" value="下一张" id="next">
11. <script>
12.   var vimg=['images/p1.jpg','images/p2.jpg','images/p3.jpg'];
13.   var i=0;
14.   window.onload=function(){
15.     document.getElementById('prev').onclick=prev;
16.     document.getElementById('next').onclick=next;
17.   }
18.   function prev(){
19.     if(i==0){
20.       i=vimg.length;
21.     }
22.     i--;
23.     document.getElementById('imgid').src=vimg[i];
24.   }
25.   function next(){
26.     i++;
27.     if(i==vimg.length){
28.       i=0;
```

```
29.     }
30.     document.getElementById('imgid').src=vimg[i];
31.   }
32.</script>
33.</body>
34.</html>
```

案例 4 五星好评

技能知识

(1) 页面加载后再执行函数。

例:

```
onload=function(){}
```

(2) for 语句遍历元素集。

例:

```
for(var i=0; i<fore.length; i++){}
```

(3) 参数转换为整数。

例:

```
id=parseInt(this.id);
```

(4) 鼠标移入元素集某个元素时执行函数

例:

```
fore[i].onmouseover=function(){}
```

(5) 设置图像元素集某个元素的图片。

例:

```
fore[i].src="images/starleft.png";
```

(6) 验证变量被 2 整除后余数是不是为 0，即验证变量是不是偶数。

例:

```
if(j% 2==0){ }
```

【任务描述】

实现五星好评的功能，如图 3-10 所示。

(1) 页面布局 5 个两种颜色的五星，准备实现五星好评功能。

（2）鼠标从左向右移过 5 个星时，左侧图变亮，右侧呈灰色。

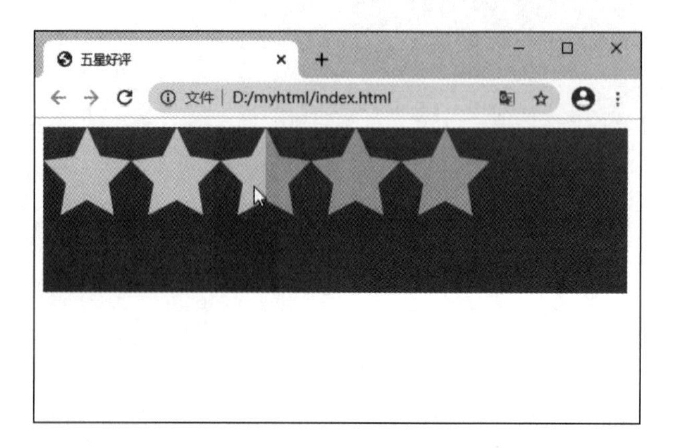

图 3-10

代码解读

```
var fore=document.getElementById("back").getElementsByTagName("img");
  //从文档中获取 id=back 标签内的所有 img 标签,赋值给变量 fore
  onload=function(){//网页加载完毕后执行函数功能
    for(var i=0;i<fore.length;i++){//循环范围是 i 从 0 至 9
      fore[i].onmouseover=function(){//鼠标移到第 i 个 fore 元素时执行
        var id=parseInt(this.id);//当前元素的 id 赋值给 id 变量
        for(var i=0;i<=id;i++){//循环范围是 i 从 0 至当前 id
          if(i% 2==0){ //如果 i 是偶数时
            fore[i].src="images/starleft.png";
            //更换图片
          }else{
            fore[i].src="images/starright.png";
            //更换图片
          }
        }
        for(var j=id+1;j<10;j++){//循环范围是 j 从 id+1 至 9
          if(j% 2==0){//如果 j 能被 2 整除时
            fore[j].src="images/starleftb.png";
            //更换图片
            }else{
              fore[j].src="images/starrightb.png";
              //更换图片
            }
        }
    }
  }
}
```

【操作步骤】

操作视频

(1)设置#back 样式；在<body>标签中创建多个<img>标签，显示准备好的五星图片，如图 3-11 所示。

(2)JS 实现所有图片绑定 onmouseover 事件，当鼠标移过图片时，更换适当的图片，实现五星好评的效果，如图 3-12 所示。

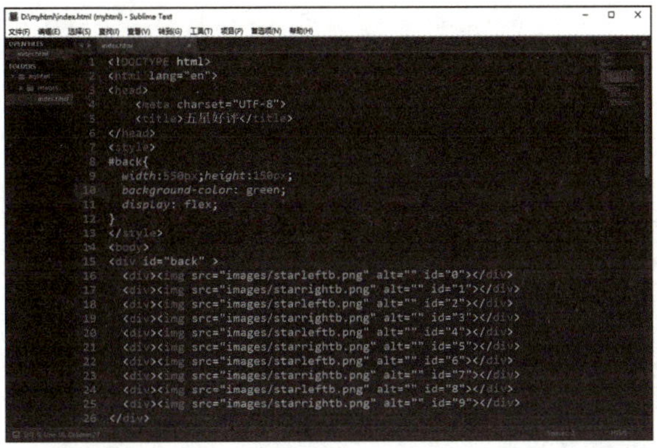

图 3-11

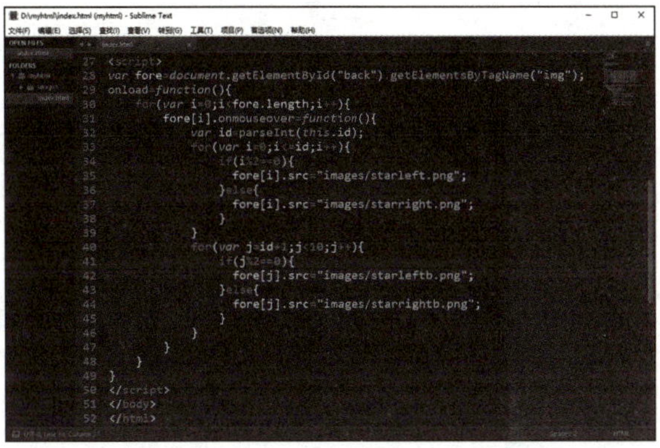

图 3-12

【参考代码】

```
1. <!DOCTYPE html>
2. <html lang="en">
3. <head>
4.   <meta charset="UTF-8">
5.   <title>五星好评</title>
6. </head>
7. <style>
8. #back{
9.   width:550px;height:150px;
10.  background-color: green;
11.  display: flex;
12. }
13. </style>
14. <body>
15. <div id="back" >
16.  <div><img src="images/starleftb.png" alt="" id="0"></div>
17.  <div><img src="images/starrightb.png" alt="" id="1"></div>
18.  <div><img src="images/starleftb.png" alt="" id="2"></div>
19.  <div><img src="images/starrightb.png" alt="" id="3"></div>
20.  <div><img src="images/starleftb.png" alt="" id="4"></div>
21.  <div><img src="images/starrightb.png" alt="" id="5"></div>
```

```
22.   <div><img src="images/starleftb.png" alt="" id="6"></div>
23.   <div><img src="images/starrightb.png" alt="" id="7"></div>
24.   <div><img src="images/starleftb.png" alt="" id="8"></div>
25.   <div><img src="images/starrightb.png" alt="" id="9"></div>
26. </div>
27. <script>
28. var fore=document.getElementById("back").getElementsByTagName("img");
29. onload=function(){
30.   for(var i=0;i<fore.length;i++){
31.     fore[i].onmouseover=function(){
32.       var id=parseInt(this.id);
33.       for(var i=0;i<=id;i++){
34.           if(i% 2==0){
35.             fore[i].src="images/starleft.png";
36.            }else{
37.             fore[i].src="images/starright.png";
38.            }
39.       }
40.       for(var j=id+1;j<10;j++){
41.           if(j% 2==0){
42.             fore[j].src="images/starleftb.png";
43.            }else{
44.             fore[j].src="images/starrightb.png";
45.            }
46.       }
47.     }
48.   }
49. }
50. </script>
51. </body>
52. </html>
```

案例 5 快捷菜单

技能知识

(1)页面上单击鼠标右键的事件，通过参数 e 可以获取单击鼠标右键时的坐标值，e. clientX 为 *x* 方向坐标，e. clientY 为 *y* 方向坐标。

例：

```
document.oncontextmenu = function(e){ }
```

(2)阻止页面上单击鼠标右键的默认菜单。

例：

```
ev.preventDefault();
```

(3)元素的隐藏。

例：

```
nu.style.display = "none";
```

(4)在代码中写入注释。

例：

```
var x = ev.clientX; //鼠标的 x 坐标,
```

双斜杠“//”后的为注释内容，并不是执行的程序代码。

例：

```
document.oncontextmenu = function(e){/* 为 document 绑定鼠标右键菜单事件* /
```

“/ * ”与“ * /”之间的为注释内容，并不是执行的程序代码。

```
uar ev=window.eventlle;
```

【任务描述】

在页面上实现单击鼠标右键弹出快捷菜单的功能，如图 3-13 所示。

(1)在页面空白处单击鼠标右键弹出快捷菜单。

(2)菜单包括“新建”“复制”“粘贴”“取消”等菜单项。

(3)鼠标移过快捷菜单项时，设有自定义样式。

(4)单击页面任何空白处，关闭快捷菜单。

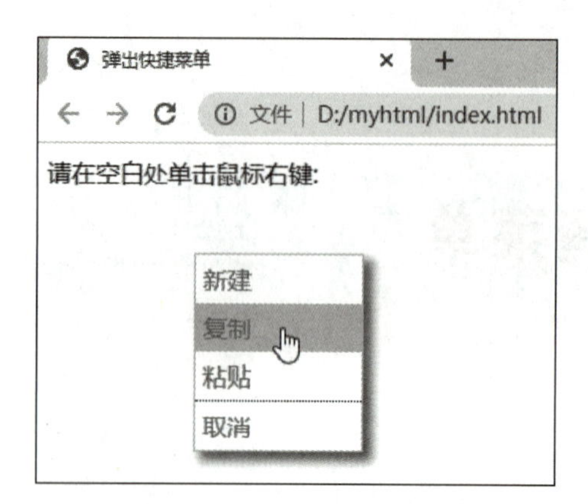

图 3-13

代码解读

```
<script>
window.onload = function(){
    var nu = document.getElementById("menu"); //获取 id="menu"的对象
    nu.style.display = "none";
    document.oncontextmenu = function(e){//单击鼠标右键弹出快捷菜单事件
      var ev = window.event||e;
      var x = ev.clientX; // 鼠标的 x 坐标
      var y = ev.clientY; //鼠标的 y 坐标
      nu.style.display = "block";//显示快捷菜单对象
      nu.style.left = x + "px"; //设置为鼠标的当前 x 坐标
      nu.style.top = y + "px"; //设置为鼠标的当前 y 坐标
      if(ev.preventDefault){//如果浏览器设有原有的默认菜单
         ev.preventDefault(); //阻止默认菜单方法,但在 IE 浏览器中无效
      }else{
         ev.returnValue = false;
//在 IE 浏览器中,要用 event.returnValue=false;
      }
    }
   document.onclick = function(){//单击鼠标事件
     nu.style.display = "none";//隐藏快捷菜单对象
    }
}
</script>
```

【操作步骤】

操作视频

(1)设置 #menu、#menu>div、#menu>div：nth-child(3)、#menu > div：hover 等样式，在<body>标签中创建<div id="menu">标签，在<div id="menu">标签中显示 <div>新建</div>、<div>复制</div>、<div>粘贴</div>、<div>取消</div>等标签，如图 3-14 所示。

(2)JS 代码 document. oncontextmenu = function(e){}，实现单击鼠标右键时，在鼠标当前坐标位置弹出快捷菜单的功能，如图 3-15 所示。

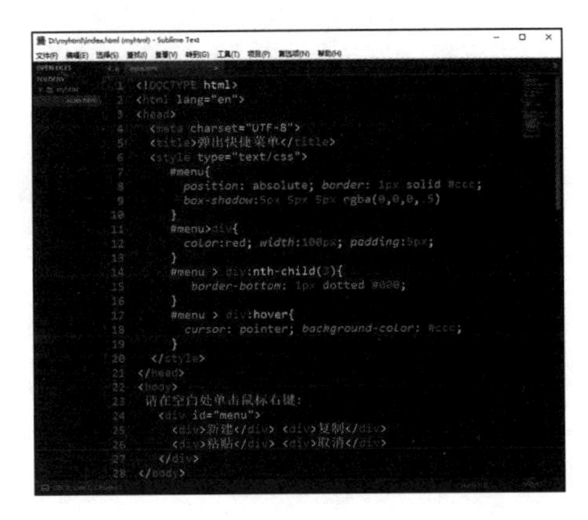
图 3-14

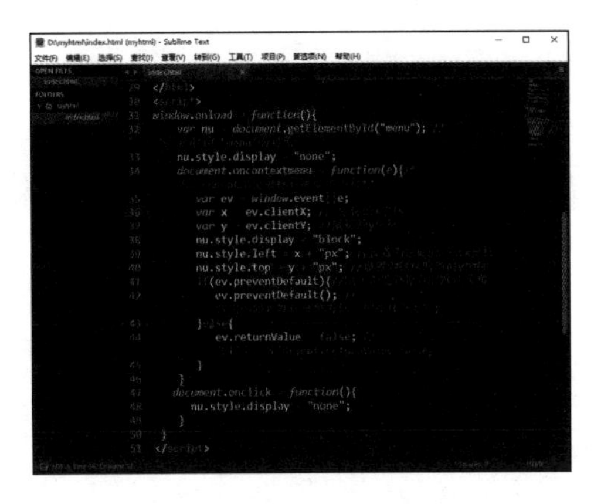
图 3-15

【参考代码】

```
1. <!DOCTYPE html>
2. <html lang="en">
3. <head>
4.   <meta charset="UTF-8">
5.   <title>弹出快捷菜单</title>
6.   <style type="text/css">
7.     #menu{
8.       position: absolute; border: 1px solid #ccc;
9.       box-shadow:5px 5px 5px rgba(0,0,0,.5)
10.     }
11.     #menu>div{
12.       color:red; width:100px; padding:5px;
13.     }
14.     #menu > div:nth-child(3){
15.       border-bottom: 1px dotted #000;
16.     }
17.     #menu > div:hover{
18.       cursor: pointer; background-color: #ccc;
19.     }
20.   </style>
21. </head>
22. <body>
23.   请在空白处单击鼠标右键:
24.     <div id="menu">
25.       <div>新建</div> <div>复制</div>
26.       <div>粘贴</div> <div>取消</div>
```

```
27.     </div>
28. </body>
29. </html>
30. <script>
31. window.onload = function(){
32.   var nu = document.getElementById("menu"); //获取 id="menu"的对象
33.     nu.style.display ="none";
34.     document.oncontextmenu = function(e){/* 为 document 绑定鼠标右键菜单事件* /
35.       var ev = window.event||e;
36.       var x = ev.clientX; // 鼠标的 x 坐标
37.       var y = ev.clientY; //鼠标的 y 坐标
38.       nu.style.display ="block";
39.       nu.style.left = x +"px"; //设置为鼠标的当前 x 坐标
40.       nu.style.top = y +"px"; //设置为鼠标的当前 y 坐标
41.       if(ev.preventDefault){//阻止浏览器原有的默认菜单
42.         ev.preventDefault();/* 常用的阻止默认菜单方法,但在 IE 下无效* /
43.       }else{
44.         ev.returnValue =false; /* 在 IE 下,要用 event.returnValue=false;* /
45.       }
46.     }
47.     document.onclick = function(){
48.       nu.style.display ="none";
49.     }
50.   }
51. </script>
```

案例 6 全屏弹窗

技能知识

(1) 自定义函数打开弹窗。

例：

```
function myshow(){
  var mybox=document.getElementById("box");
  mybox.style.display="block";
}
```

(2) 自定义函数关闭弹窗。

例：

```
function myclose(){
  var mybox=document.getElementById("box");
  mybox.style.display="none";
}
```

【任务描述】

实现全屏弹窗的功能，如图 3-16 所示。

(1) 单击“打开”按钮时，出现全屏弹窗。

(2) 鼠标移至弹窗“关闭”按钮时，按钮上的文本显示不同颜色，鼠标指针为手指型。

(3) 单击弹窗“关闭”按钮时，关闭全屏弹窗。

图 3-16

代码解读

```
function myshow(){
   var mybox=document.getElementById("box");//获取 box 元素
   mybox.style.display="block";//设为块级元素显示,效果是显示后必须换行
}
function myclose(){
   var mybox=document.getElementById("box");//获取 box 元素
   mybox.style.display="none";//设置元素不显示
}
<button onclick="myshow()">打开</button>//当前标签被单击时执行 myshow()
<span onclick="myclose()">关闭</span>//当前标签被单击时执行 myclose()
```

【操作步骤】

操作视频

（1）设置#box、#win 等样式，如图 3-17 所示。

（2）设置#win span、#win span：hover 等样式，如图 3-18 所示。

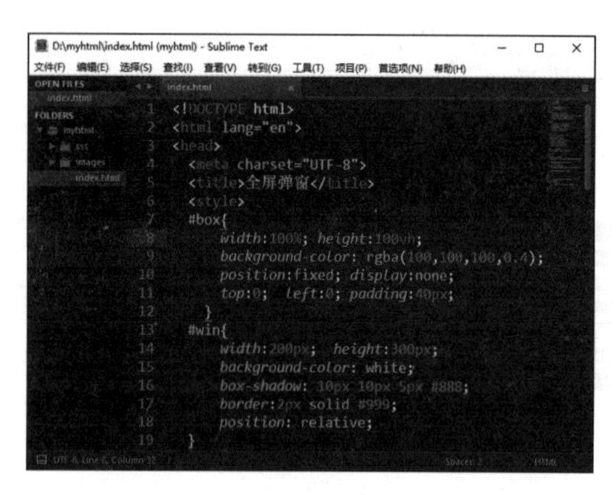

图 3-17

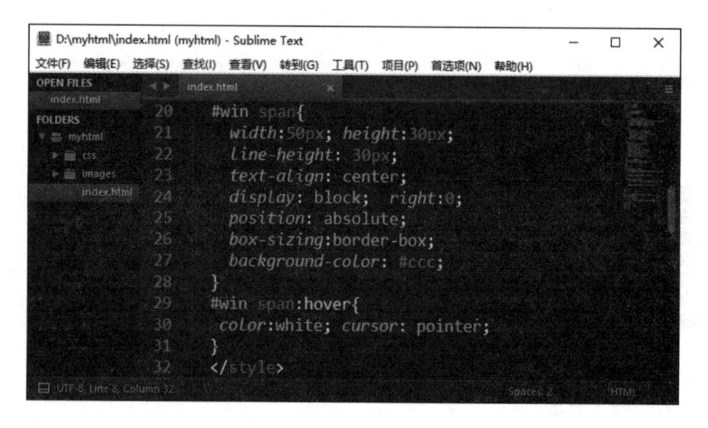

图 3-18

（3）JS 代码创建 myshow( ) 函数，实现显示 box 元素的功能；JS 代码创建 myclose( ) 函数，实现隐藏 box 元素的功能，如图 3-19 所示。

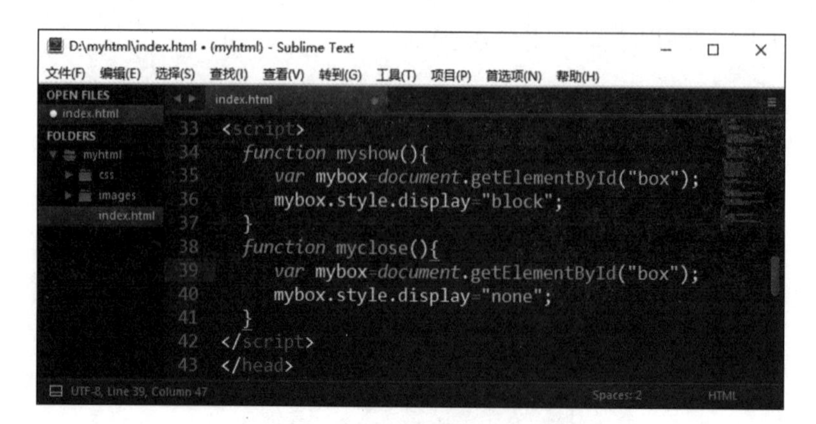

图 3-19

(4)在<body>中创建<button onclick="myshow()">打开</button>标签，绑定 onclick 事件执行 myshow()函数的功能；创建<span onclick="myclose()">关闭</span>标签，绑定 onclick 事件执行 myclose()函数的功能，如图 3-20 所示。

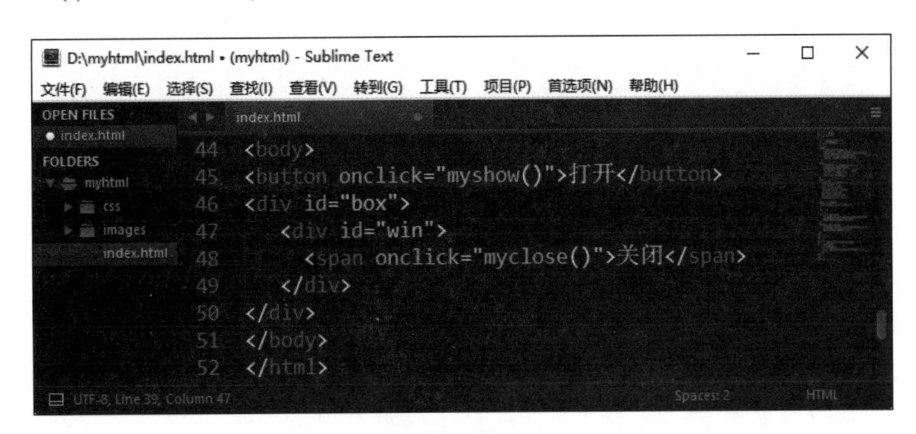

图 3-20

【参考代码】

```
1. <!DOCTYPE html>
2. <html lang="en">
3. <head>
4.   <meta charset="UTF-8">
5.   <title>全屏弹窗</title>
6.   <style>
7.     #box{
8.        width:100% ; height:100vh;
9.        background-color: rgba(100,100,100,0.4);
10.       position:fixed; display:none;
11.       top:0;  left:0; padding:40px;
12.     }
13.   #win{
14.       width:200px;  height:300px;
15.       background-color: white;
16.       box-shadow: 10px 10px 5px #888;
17.       border:2px solid #999;
18.       position: relative;
19.   }
20.   #win span{
21.       width:50px; height:30px;
22.       line-height: 30px;
23.       text-align: center;
24.       display: block;  right:0;
25.       position: absolute;
```

```
26.      box-sizing:border-box;
27.      background-color: #ccc;
28.    }
29.    #win span:hover{
30.      color:white; cursor: pointer;
31.    }
32.    </style>
33. <script>
34.    function myshow(){
35.      var mybox=document.getElementById("box");
36.      mybox.style.display="block";
37.    }
38.    function myclose(){
39.      var mybox=document.getElementById("box");
40.      mybox.style.display="none";
41.    }
42. </script>
43. </head>
44. <body>
45. <button onclick="myshow()">打开</button>
46. <div id="box">
47.    <div id="win">
48.      <span onclick="myclose()">关闭</span>
49.    </div>
50. </div>
51. </body>
52. </html>
```

案例 7 数组插入元素

技能知识

(1)定义数组变量，记录多个字符串。

例：

```
var writer = ["李白","杜甫"];
```

(2) 参数追加为数组末元素。

```
writer.push(inputname.value)
```

(3) 参数追加为数组首元素。

```
writer.unshift(inputname.value)
```

【任务描述】

用数组存储多人姓名，提供输入新的姓名，允许添加到原名单最后或最前，如图 3-21 所示。

(1) 数组存储多人姓名。

(2) 提供输入新的姓名。

(3) 实现把新姓名添加到原队列的最后或最前的功能。

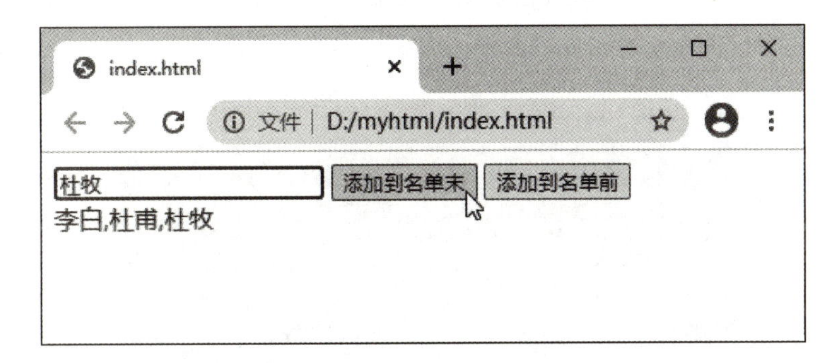

图 3-21

代码解读

```
var ru=document.getElementById("rusult");
  var inputname=  document.getElementById("input");
  var writer = ["李白","杜甫"];//定义数组变量 writer
  ru.innerHTML=writer;//数组变量显示在页面上的标签中
  function dopush()//定义函数 dopush()
  {
    writer.push(inputname.value)//把参数追加到数组 writer 的最后位置
    ru.innerHTML=writer;
    inputname.value="";//清空输入标签的内容
  }
  function dounshift()//定义函数 dounshift()
  {
    writer.unshift(inputname.value)//把参数插入数组 writer 的最前位置
    ru.innerHTML=writer;
    inputname.value="";
  }
```

【操作步骤】

（1）在<body>中，创建<button onclick="dopush()">添加到名单末</button>标签，绑定 onclick 事件执行 dopush()函数的功能；创建<button onclick="dounshift()">添加到名单前</button>标签，绑定 onclick 事件执行 dounshift()函数的功能，如图 3-22 所示。

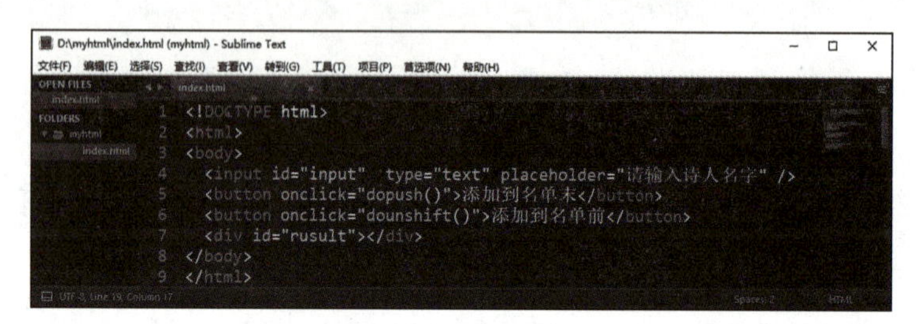

图 3-22

（2）JS 创建 dopush()函数，实现把输入变量追加到数组最后的功能；创建 dounshift()函数，实现把输入变量追加到数组最前的功能，如图 3-23 所示。

```
<script>
  var ru=document.getElementById("rusult");
  var inputname=  document.getElementById("input");
  var writer = ["李白","杜甫"];
  ru.innerHTML=writer;
  function dopush()
  {
    writer.push(inputname.value)
    ru.innerHTML=writer;
    inputname.value="";
  }
  function dounshift()
  {
    writer.unshift(inputname.value)
    ru.innerHTML=writer;
    inputname.value="";
  }
</script>
```

图 3-23

【参考代码】

```
1. <!DOCTYPE html>
2. <html>
3. <body>
4.   <input id="input"  type="text" placeholder="请输入诗人名字" />
5.   <button onclick="dopush()">添加到名单末</button>
6.   <button onclick="dounshift()">添加到名单前</button>
7.   <div id="rusult"></div>
8. </body>
9. </html>
10. <script>
11.   var ru=document.getElementById("rusult");
12.   var inputname=  document.getElementById("input");
13.   var writer = ["李白","杜甫"];
```

```
14.  ru.innerHTML=writer;
15.  function dopush()
16.  {
17.    writer.push(inputname.value)
18.    ru.innerHTML=writer;
19.    inputname.value="";
20.  }
21. function dounshift()
22.  {
23.    writer.unshift(inputname.value)
24.    ru.innerHTML=writer;
25.    inputname.value="";
26.  }
27. </script>
```

案例 8 数组排序

技能知识

(1)定义空的数组变量。

例：

```
var ar=[];
```

(2)小数取整的函数。

例1：丢弃小数部分，仅保留整数部分

```
parseInt(3.6)=3; parseInt(3.3)=3;
```

例2：向上取整，存在小数时，整数部分加1

```
Math.ceil(3.2)=4; Math.ceil(3.7)=4;
```

例3：四舍五入

```
Math.round(3.6)=4; Math.round(3.2)=3;
```

例4：向下取整

```
Math.floor(3.6)=3;
```

(3)创建新标签。

例：

```
var pan=document.createElement('span');
```

(4)清除 Console 窗口的内容。

例：

```
console.clear();
```

(5)在 Console 窗口输出观察数据在后台的变化。

例：

```
console.log(s);
```

(6)产生一个大于 60 且小于等 99 的两位数。

例：

```
s=60+Math.random()* 39;
```

(7)数组的排序。

例：

```
ar.sort();
```

【任务描述】

随机产生若干人的成绩，成绩区间为 60 以上，提供排序和求出大于或等于 90 分人数的功能，如图 3-24 所示。

(1)单击“随机生成 10 人分数”按钮，生成 10 个 60 至 99 之间的分数。

(2)单击“排序”按钮，分数从小到大排列。

(3)单击“大于等于 90 人数”按钮，求出大于或等于 90 分的人数。

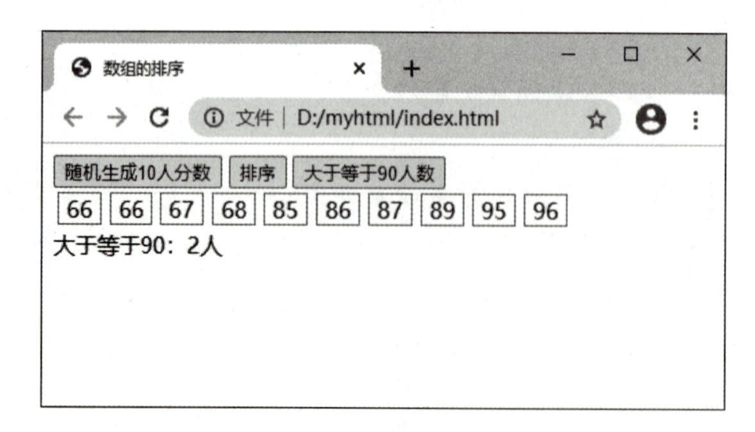

图 3-24

代码解读

```
  var ar=[]; //定义空的数组变量 ar
  var s; //定义变量 s
  var dat=document.getElementById("data");
//获取 id= data 的标签存储在变量 dat 中
  function ru()
  {
    console.clear();//清除 Console 窗口的内容
    dat.innerHTML="";//清除 dat 标签里的内容
    for ( var  i=0;i<10;i++){//循环 10 次,i 取 0 至 9
      s=60+Math.random()* 39;//产生一个大于 60 且小于等于 99 的数
      console.log(s); //在 Console 窗口输出 s,为了观察数据在后台的变化
      ar[i]=Math.ceil(s);//s 向上取整后赋值给 ar[i]
      var pan=document.createElement('span'); //创建一个 span 标签
      pan.style.display="inline-block";//设置标签 pan 的显示方式
      pan.innerHTML=ar[i];//设置标签 pan 的显示内容
      pan.style.textAlign="center";//设置标签 pan 的文本居中
      pan.style.width="30px";//设置标签 pan 的宽度
      pan.style.border="1px solid red";//设置标签 pan 的边框
      pan.style.margin="3px";//设置标签 pan 的外边距
      dat.appendChild(pan);//把标签 pan 的追加到标签 dat 中
    }
  }
```

【操作步骤】

操作视频

(1)在<body>中创建<input type="button" onclick="ru()" value="随机生产 10 人分数">标签，绑定 onclick 事件执行 ru()函数的功能；创建<input type="button" onclick="mysort()" value="排序">标签，绑定 onclick 事件执行 mysort()函数的功能；创建<input type="button" onclick="my90()" value="大于等于 90 人数">标签，绑定 onclick 事件执行 my90()函数的功能，如图 3-25 所示。

```
1  <!DOCTYPE html>
2  <html>
3  <head>
4  <meta charset="utf-8">
5  <title>数组的排序</title>
6  </head>
7  <body>
8    <div id="ctrl">
9    <input type="button" onclick="ru()" value="随机生成10人分数">
10   <input type="button" onclick="mysort()" value="排序">
11   <input type="button" onclick="my90()" value="大于等于90人数">
12   </div>
13   <div id="data">     </div>
14   <div id="ctrl">
15     大于等于90: <span id="my90">?</span>人
16   </div>
17 </body>
18 </html>
```

图 3-25

(2) JS 创建 ru( ) 函数，实现随机生成 10 个大于 60 的两位数的功能，如图 3-26 所示。

(3) JS 创建 mysort( ) 函数，实现调用 sort( ) 函数实现排序输出的功能，如图 3-27 所示。

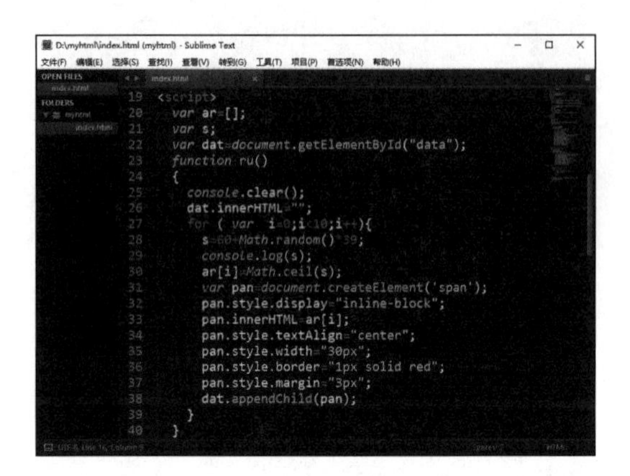

图 3-26

```
41  function mysort(){
42    ar.sort();
43    dat.innerHTML="";
44    for ( var  i=0;i<10;i++){
45      var pan=document.createElement('span');
46      pan.style.display="inline-block";
47      pan.innerHTML=ar[i];
48      pan.style.textAlign="center";
49      pan.style.width="30px";
50      pan.style.border="1px solid red";
51      pan.style.margin="3px";
52      dat.appendChild(pan);
53    }
54  }
```

图 3-27

(4) JS 创建 my90( ) 函数，实现统计大于或等于 90 数字个数的功能，如图 3-28 所示。

```
55  function my90(){
56    var s=0;
57    for ( var  i=0;i<10;i++){
58      if(ar[i]>=90){
59        s++;
60      }
61    }
62  var my90=document.getElementById("my90");
63  my90.innerHTML=s;
64  }
65  </script>
```

图 3-28

【参考代码】

```
1. <!DOCTYPE html>
2. <html>
3. <head>
4. <meta charset="utf-8">
5. <title>数组的排序</title>
6. </head>
7. <body>
8.  <div id="ctrl">
9.  <input type="button" onclick="ru()" value="随机生成 10 人分数">
10.  <input type="button" onclick="mysort()" value="排序">
11.  <input type="button" onclick="my90()" value="大于等于 90 人数">
12.  </div>
13.  <div id="data">  </div>
14.  <div id="ctrl">
```

```
15.      大于等于 90:<span id="my90">? </span>人
16.    </div>
17. </body>
18. </html>
19. <script>
20. var ar=[];
21. var s;
22. var dat=document.getElementById("data");
23. function ru()
24.    {
25. console.clear();
26.      dat.innerHTML="";
27.      for ( var  i=0;i<10;i++){
28.        s=60+Math.random()* 39;
29.        console.log(s);
30.        ar[i]=Math.ceil(s);
31.        var pan=document.createElement('span');
32.        pan.style.display="inline-block";
33.        pan.innerHTML=ar[i];
34.        pan.style.textAlign="center";
35.        pan.style.width="30px";
36.        pan.style.border="1px solid red";
37.        pan.style.margin="3px";
38.        dat.appendChild(pan);
39.      }
40.    }
41.    function mysort(){
42.       ar.sort();
43.       dat.innerHTML="";
44.      for ( var  i=0;i<10;i++){
45.           var pan=document.createElement('span');
46.           pan.style.display="inline-block";
47.           pan.innerHTML=ar[i];
48.           pan.style.textAlign="center";
49.           pan.style.width="30px";
50.           pan.style.border="1px solid red";
51.           pan.style.margin="3px";
52.           dat.appendChild(pan);
53.       }
54.    }
55. function my90(){
```

```
56. var s=0;
57. for ( var  i=0;i<10;i++){
58.   if(ar[i]>=90){
59.         s++;
60.         }
61. }
62. var my90=document.getElementById("my90");
63.   my90.innerHTML=s;
64.   }
65. </script>
```

案例 9 趣味数列

技能知识

(1)求出数组长度。

例:

```
var len=ar.length;
```

(2)数组元素相加。

例:

```
ar[len]=ar[len-1]+ar[len-2];
```

(3)设置新建标签的内容。

例:

```
var pan=document.createElement('span');
pan.innerHTML=ar[len];
```

【任务描述】

斐波那契数列指的是这样一个数列：0、1、1、2、3、5、8、13、21、34、…

这个数列从第 3 项开始，每一项都等于前两项之和。求出当前斐波那契数列中的下一个数据项，如图 3-29 所示。

(1)显示数列的前 4 个数据项。

（2）实现添加数列下一个数据项，同时求出数组的长度。

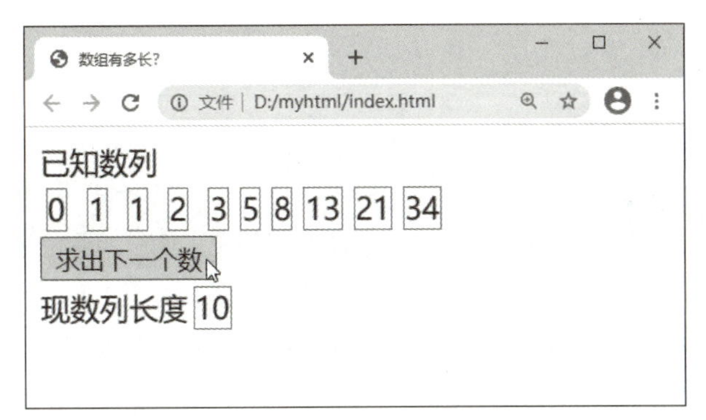

图 3-29

代码解读

```
var ar=[0,1,1,2];//定义数组 ar,ar[0]=0;ar[1]=1;ar[2]=1;ar[3]=2;
var dat=document.getElementById("data");//dat 存储 id=data 的标签
var currlen=document.getElementById("currlen");
function run()
{
  var len=ar.length;//求出数组 ar 的当前长度
  ar[len]=ar[len-1]+ar[len-2];
  //数组末两个数相加之和赋值给数组最新的一个元素
  var pan=document.createElement('span');//新建一个标签 span
  pan.innerHTML=ar[len];// ar[len]显示在新建的标签中
  dat.appendChild(pan);//新建的标签追加到标签 dat 中
  currlen.innerHTML=ar.length;//在标签 currlen 中显示数组总长度
}
```

【操作步骤】

（1）设置 span 样式，如图 3-30 所示。

（2）在<body>中创建多个<span>标签，准备显示数列元素；创建<input type="button" onclick="run()" value="求出下一个数">标签，绑定 onclick 事件执行 run()函数；创建<span id="currlen">?</span>标签，显示“?”，如图 3-31 所示。

```
1  <!DOCTYPE html>
2  <html>
3  <head>
4  <meta charset="utf-8">
5  <title>数组有多长? </title>
6  <style>
7    span{
8      display:inline-block;
9      border:1px solid red;
10     margin:3px;
11     text-align: center;
12   }
13 </style>
14 </head>
```

图 3-30

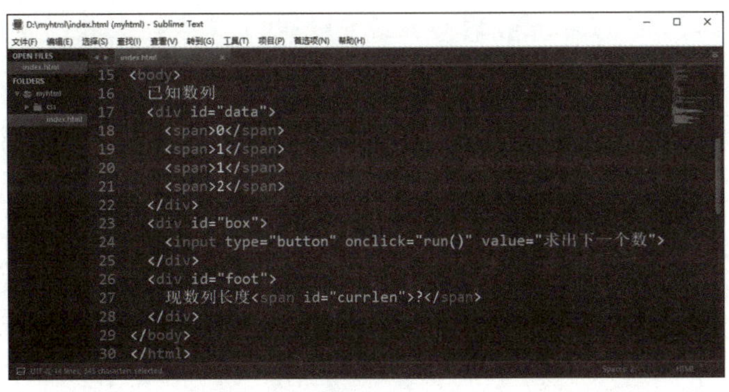

图 3-31

(3)JS 创建 run()函数，实现获取数组最后两个数，两数之和添加到数组末的功能，如图 3-32 所示。

```
31 <script>
32   var ar=[0,1,1,2];
33   var dat=document.getElementById("data");
34   var currlen=document.getElementById("currlen");
35   function run()
36   {
37     var len=ar.length;
38     ar[len]=ar[len-1]+ar[len-2];
39     var pan=document.createElement('span');
40     pan.innerHTML=ar[len];
41     dat.appendChild(pan);
42     currlen.innerHTML=ar.length;
43   }
44 </script>
```

图 3-32

【参考代码】

```
1. <!DOCTYPE html>
2. <html>
3. <head>
4. <meta charset="utf-8">
5. <title>数组有多长？</title>
6. <style>
7.   span{
8.     display:inline-block;
9.     border:1px solid red;
10.     margin:3px;
11.     text-align: center;
12.   }
13. </style>
14. </head>
15. <body>
16.   已知数列
17.   <div id="data">
18.     <span>0</span>
19.     <span>1</span>
20.     <span>1</span>
21.     <span>2</span>
22.   </div>
23.   <div id="box">
24.     <input type="button" onclick="run()" value="求出下一个数">
25.   </div>
26.   <div id="foot">
```

```
27.     现数列长度<span id="currlen">? </span>
28.   </div>
29. </body>
30. </html>
31. <script>
32.   var ar=[0,1,1,2];
33.   var dat=document.getElementById("data");
34.   var currlen=document.getElementById("currlen");
35.   function run()
36.   {
37.     var len=ar.length;
38.     ar[len]=ar[len-1]+ar[len-2];
39.     var pan=document.createElement('span');
40.     pan.innerHTML=ar[len];
41.     dat.appendChild(pan);
42.     currlen.innerHTML=ar.length;
43.   }
44. </script>
```

案例 10 旋转标题

技能知识

(1) 产生指定上限的随机数。

例：

```
r=Math.random()*255;
```

(2) 设置渐变背景色。

例：

```
pan[i].style.backgroundImage="linear-gradient(to right, rgb("+r+", 255, 0), rgb(255,"+g+", 0))";
```

【任务描述】

实现标签的随机旋转与随机背景渐变色的功能，如图 3-33 所示。

(1)显示若干个正方形带渐变背景色的文字标题。

(2)实现随机旋转文字标题的功能。

(3)实现随机产生背景色的功能。

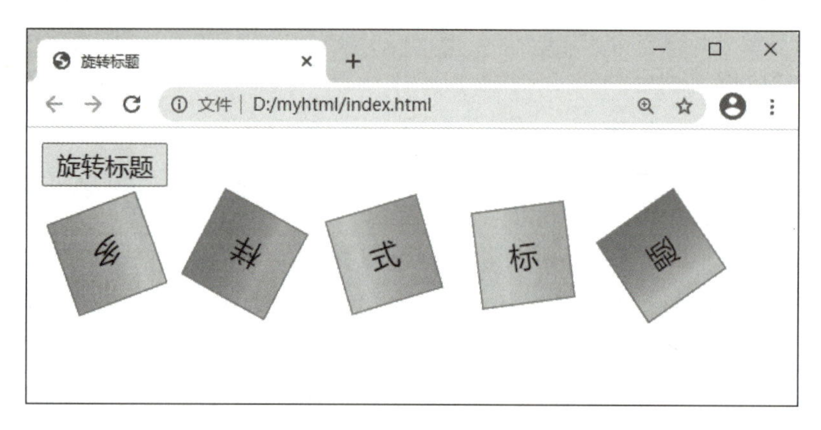

图 3-33

代码解读

```
var pan=document.getElementById("tit").getElementsByTagName("span");
//获取 tit 标签内的所有 span 标签
function run()//定义函数 run
{
  for(var i=0;i<pan.length;i++){//遍历所有 pan 元素
    r=Math.random()* 255;//调用数学函数,产生一个 0 到 255 之间的数
    r=Math.floor(r);//获取小于或等于 r,且与 r 最接近的整数
    g=Math.random()* 255;//产生一个 0 到 255 之间的数
    g=Math.floor(g);//获取小于或等于 g,且与 g 最接近的整数
    pan[i].style.backgroundImage="linear-gradient(to right, rgb("+r+",255,0) , rgb(255,"+g+",0))";/* 设置背景色为从左向右的渐变色,起止颜色值由函数 rgb 根据 r 值产生,终止颜色值由函数 rgb 根据 g 值产生* /
    de=Math.random()* 360;//随机产生一个 0 至 360 范围的数
    pan[i].style.transform="rotate("+de+"deg)";
//以随机产生的数 de 为度数,顺时旋转 pan 标签
  }
}
```

【操作步骤】

操作视频

(1)设置 span 样式，如图 3-34 所示。

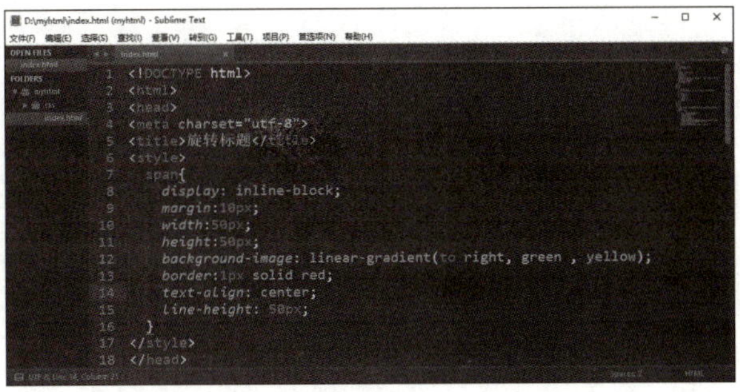

```
1  <!DOCTYPE html>
2  <html>
3  <head>
4  <meta charset="utf-8">
5  <title>旋转标题</title>
6  <style>
7    span{
8      display: inline-block;
9      margin:10px;
10     width:50px;
11     height:50px;
12     background-image: linear-gradient(to right, green , yellow);
13     border:1px solid red;
14     text-align: center;
15     line-height: 50px;
16   }
17 </style>
18 </head>
```

图 3-34

(2)在<body>中创建<input type="button" onclick="run()" value="旋转标题">标签，绑定 onclick 事件执行 run()函数；创建多个<span>标签，显示文字，如图 3-35 所示。

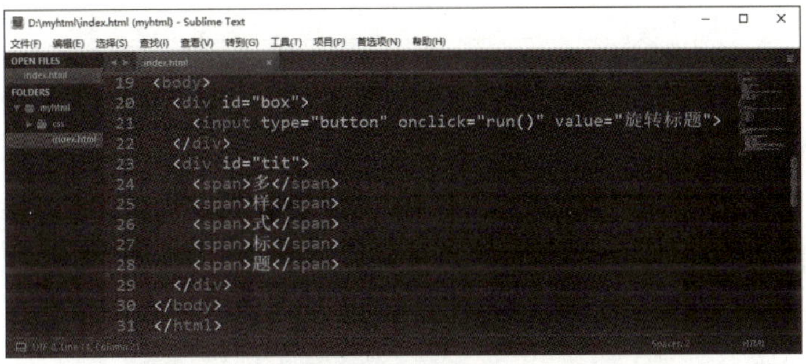

```
19 <body>
20   <div id="box">
21     <input type="button" onclick="run()" value="旋转标题">
22   </div>
23   <div id="tit">
24     <span>多</span>
25     <span>样</span>
26     <span>式</span>
27     <span>标</span>
28     <span>题</span>
29   </div>
30 </body>
31 </html>
```

图 3-35

(3)JS 创建 run()函数，实现更改所获取的所有<span>标签样式的功能，如图 3-36 所示。

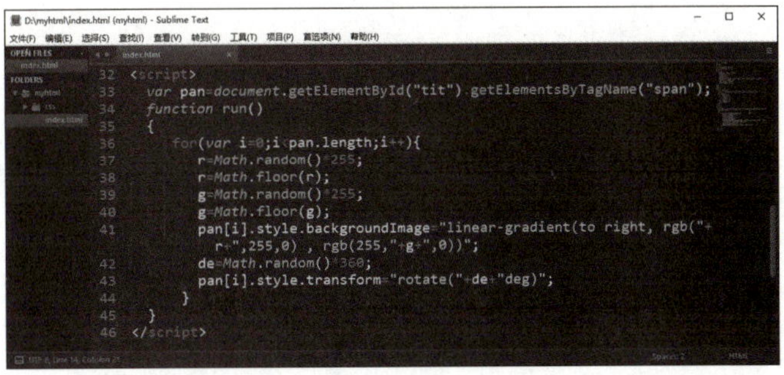

```
32 <script>
33   var pan=document.getElementById("tit").getElementsByTagName("span");
34   function run()
35   {
36     for(var i=0;i<pan.length;i++){
37       r=Math.random()*255;
38       r=Math.floor(r);
39       g=Math.random()*255;
40       g=Math.floor(g);
41       pan[i].style.backgroundImage="linear-gradient(to right, rgb("+
         r+",255,0) , rgb(255,"+g+",0))";
42       de=Math.random()*360;
43       pan[i].style.transform="rotate("+de+"deg)";
44     }
45   }
46 </script>
```

图 3-36

【参考代码】

```
1. <!DOCTYPE html>
2. <html>
3. <head>
4. <meta charset="utf-8">
5. <title>旋转标题</title>
6. <style>
7.   span{
8.     display: inline-block;
```

```
9.      margin:10px;
10.     width:50px;
11.     height:50px;
12.     background-image: linear-gradient(to right, green , yellow);
13.     border:1px solid red;
14.     text-align: center;
15.     line-height: 50px;
16.   }
17. </style>
18. </head>
19. <body>
20.   <div id="box">
21.     <input type="button" onclick="run()" value="旋转标题">
22.   </div>
23.   <div id="tit">
24.     <span>多</span>
25.     <span>样</span>
26.     <span>式</span>
27.     <span>标</span>
28.     <span>题</span>
29.   </div>
30. </body>
31. </html>
32. <script>
33.   var pan=document.getElementById("tit").getElementsByTagName("span");
34.   function run()
35. {
36.     for(var i=0;i<pan.length;i++){
37.         r=Math.random()* 255;
38.         r=Math.floor(r);
39.         g=Math.random()* 255;
40.         g=Math.floor(g);
41.         pan[i].style.backgroundImage="linear-gradient(to right, rgb("+r+",255,
            0) , rgb(255,"+g+",0))";
42.         de=Math.random()* 360;
43.         pan[i].style.transform="rotate("+de+"deg)";
44.       }
45.   }
46. </script>
```

【单元小结】

本单元讲解了图片属性、键盘事件、新建窗口、自定义弹窗、数组应用以及元素集遍历等应用技能。案例 1 讲解了按下键盘时触发 onkeydown 事件的应用，案例 2 讲解了 window. open( ) 打开新窗口的技能，案例 3 讲解了数组存储图片文件名的方法，案例 4 讲解了更改元素图片的技能，案例 5 讲解了快捷菜单的应用技巧，案例 6 讲解了创建自定义弹窗的方法，案例 7 讲解了数组插入元素的基本应用，案例 8 讲解了数组排序的应用，案例 9 讲解了应用数组解决问题的技巧，案例 10 讲解了应用 for 语句遍历元素数组的应用技巧。

【拓展任务】

拓展任务 1　键盘控制移动方向

【任务描述】

实现键盘控制动画向左、向右、向上、向下移动的功能，如图 3-37 所示。

(1) 键盘按下【←】键或【→】键时，动画可以向左或向右移动。

(2) 键盘按下【↑】键或【↓】键时，动画可以向上或向下移动。

图 3-37

【参考代码】

```
1. <!DOCTYPE html>
2. <html lang="en">
3. <head>
4.    <meta charset="UTF-8">
```

```
5.  <title>键盘控制移动方向</title>
6. </head>
7. <style>
8.  #mike{
9.     position: absolute;
10.    width:100px;
11.    height:100px;
12.    top:100px;
13.    left:100px;
14.  }
15. </style>
16. <body>
17.  <img id="mike" src="images/pic.gif">
18. </body>
19. </html>
20. <script>
21. window.onload=function(){
22.   var vmike = document.getElementById("mike");
23.   document.onkeydown = function(e){
24.     e=e||window.event;
25.     switch(e.keyCode){
26.       case 37:
27.         vmike.style.left = vmike.offsetLeft-5+"px";
28.         vmike.style.transform="scaleX(-1)";
29.         break;
30.       case 39:
31.         vmike.style.left = vmike.offsetLeft+5+'px';
32.         vmike.style.transform="scaleX(1)";
33.         break;
34.       case 40:
35.         vmike.style.top = vmike.offsetTop+5+'px';
36.         vmike.style.transform="scaleX(1)";
37.         vmike.style.transform="rotate(90deg)";
38.         break;
39.       case 38:
40.         vmike.style.top = vmike.offsetTop-5+"px";
41.         vmike.style.transform="scaleX(1)";
42.         vmike.style.transform="rotate(-90deg)";
43.         break;
44.     }
45.   }
```

```
46. }
47. </script>
```

拓展任务2　图片浏览到第几张

用数组存储图片信息，实现图片浏览功能，浏览时正确显示当前浏览到第几张图片和图片总张数，如图3-38所示。

(1)单击“上一张”按钮，向前浏览图片；单击“下一张”按钮，向后浏览图片。

(2)浏览时正确显示当前浏览到第几张图片和图片总张数。

图3-38

【参考代码】

```
1. <!DOCTYPE html>
2. <html lang="en">
3. <head>
4. <meta charset="UTF-8">
5. <title>图片浏览到第几张</title>
6. </head>
7. <body>
8. <img src="images/p1.jpg" id="imgid" width="300px; "><br/>
9. <input type="button" value="上一张" id="prev"><i>0</i>/<i>0</i>
10. <input type="button" value="下一张" id="next">
11. <script>
12. var vimg=['images/p1.jpg', 'images/p2.jpg', 'images/p3.jpg'];
13. document.getElementsByTagName('I')[1].innerHTML=vimg.length;
14. document.getElementsByTagName('I')[0].innerHTML="1";
15. var i=0;
16. window.onload=function(){
17.     document.getElementById('prev').onclick=prev;
```

```
18.  document.getElementById('next').onclick=next;
19.}
20.function prev(){
21.    if(i==0){
22.         i=vimg.length;
23.     }
24.     i--;
25.     document.getElementById('imgid').src=vimg[i];
26.     document.getElementsByTagName('I')[0].innerHTML=i+1;
27.}
28.function next(){
29.     i++;
30.     if(i==vimg.length){
31.         i=0;
32.     }
33.     document.getElementById('imgid').src=vimg[i];
34.     document.getElementsByTagName('I')[0].innerHTML=i+1;
35.}
36.</script>
37.</body>
38.</html>
```

拓展任务3　弹出全屏注册窗口

实现弹出全屏注册窗口的功能，如图3-39所示。

(1)单击“注册”按钮时，弹出全屏注册窗口。

(2)注册窗口允许输入“用户名”“密码”“确认密码”等信息。

(3)单击注册窗口的“确定”按钮时，关闭弹窗。

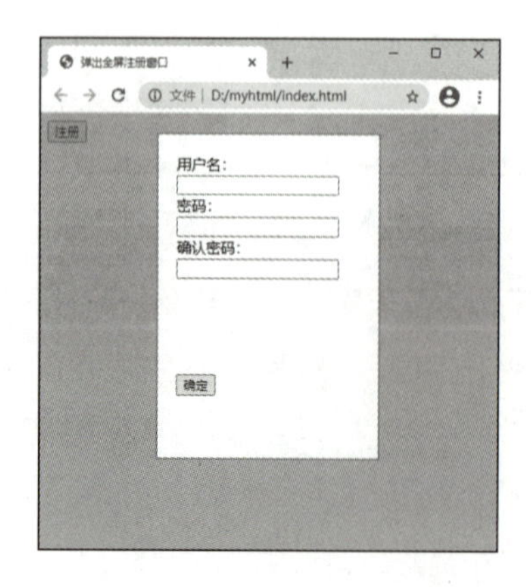

图3-39

【参考代码】

```
1. <!DOCTYPE html>
2. <html lang="en">
3. <head>
4.   <meta charset="UTF-8">
5.   <title>弹出全屏注册窗口</title>
6.   <style>
7.   #box{
8.      width:100% ; height:100vh;
9.      background-color: rgba(100,100,100,0.4);
10.     position:fixed; display:none;
11.     top:0;  left:0;
12.     }
13.     #win{
14.       margin:20px auto;
15.       width:200px;  height:300px;
16.       background-color: white;
17.       border:2px solid #999;
18.       position: relative;
19.       padding: 20px;
20.   }
21.   </style>
22. <script>
23.     function myshow(){
24.       var mybox=document.getElementById("box");
25.       mybox.style.display="block";
26.   }
27.     function myclose(){
28.       var mybox=document.getElementById("box");
29.       mybox.style.display="none";
30.     }
31. </script>
32. </head>
33. <body>
34. <button onclick="myshow()">注册</button>
35. <div id="box">
36.    <div id="win">
37.        用户名:<input type="text"><br>
38.        密码:<input type="text"><br>
39.        确认密码:<input type="text">
40.      <button style="margin-top:100px; " onclick="myclose()">确定</button>
```

```
41.     </div>
42. </div>
43. </body>
44. </html>
```

拓展任务 4　数组最大最小值

随机产生若干人的成绩，成绩区间为 50 以上，提供排序和求出最高分与高低分的功能，如图 3-40 所示。

(1) 单击“随机生成 10 人分数”按钮，生成 10 个 50 至 99 之间的分数。

(2) 单击“排序”按钮，分数从小到大排序。

(3) 单击“求最高与最低”按钮，求出最高分与最低分。

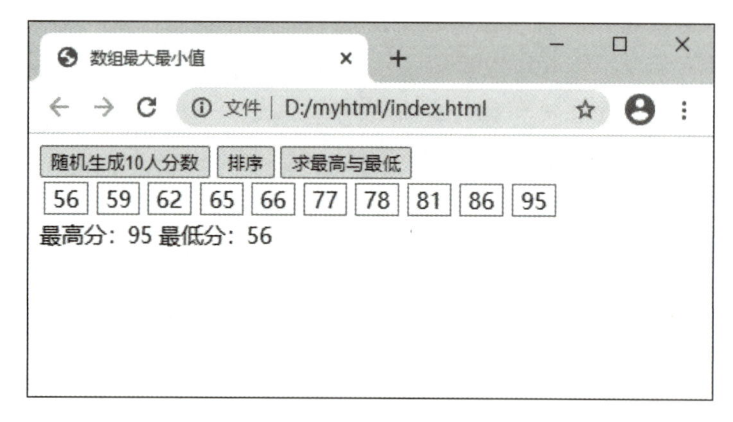

图 3-40

【参考代码】

```
1. <!DOCTYPE html>
2. <html>
3. <head>
4. <meta charset="utf-8">
5. <title>数组最大最小值</title>
6. </head>
7. <style>
8. .data{
9.    display: inline-block;
10.   text-align: center;
11.   width:30px;  border:1px solid red;
12.   margin:3px;
13. }
14. </style>
```

```
15. <body>
16.   <div id="ctrl">
17.   <input type="button" onclick="ru()" value="随机生成 10 人分数">
18.   <input type="button" onclick="mysort()" value="排序">
19.   <input type="button" onclick="maxmin()" value="求最高与最低">
20.   </div>
21.   <div id="data">     </div>
22.   <div id="ctrl">
23.     最高分:<span id="max">? </span>
24.     最低分:<span id="min">? </span>
25.   </div>
26. </body>
27. </html>
28. <script>
29. var ar=[];   var s;
30. var dat=document.getElementById("data");
31. function ru()
32.   {
33. console.clear();
34.     dat.innerHTML="";
35.     for (var i=0;i<10;i++){
36.       s=50+Math.random()* 49;
37.       console.log(s);
38.       ar[i]=Math.ceil(s);
39.       var pan=document.createElement('span');
40.       pan.className="data";
41.       pan.innerHTML=ar[i];
42.       dat.appendChild(pan);
43.     }
44.   }
45.   function mysort(){
46.     ar.sort();
47.     dat.innerHTML="";
48.     for (var i=0;i<10;i++){
49.         var pan=document.createElement('span');
50.         pan.className="data";
51.         pan.innerHTML=ar[i];
52.         dat.appendChild(pan);
53.     }
54.   }
55.   function maxmin(){
```

```
56.     var max=ar[0];
57.     var min=ar[0];
58.       for (var i=0;i<10;i++){
59.         if(ar[i]>=max){
60.           max=ar[i];
61.           }
62.         if(ar[i]<=min){
63.           min=ar[i];
64.           }
65.     }
66.   var vmax=document.getElementById("max");
67.   vmax.innerHTML=max;
68.   var vmin=document.getElementById("min");
69.   vmin.innerHTML=min;
70.   }
71. </script>
```

PROJECT 4 单元 4

计时与动画案例

学习目标

本单元将应用 setTimeout( )、clearTimeout( )、setInterval( )、clearInterval( )等函数，学习时钟数字、动画、元素样式等应用的 JS 代码编程技能，掌握自动计数、电子钟、动画、漂浮广告、秒表、自动进度条、抽奖、图片轮播等功能的实现技能。

【知识导引】

1. setTimeout（）方法

setTimeout( )是 window 对象的方法，该方法用于在指定的毫秒数后执行。

语法格式可以是以下两种：

(1) setTimeout(要执行的代码，等待的毫秒数)

例：3000 毫秒后，弹出对话框，提到“3 秒钟已到！”

```
setTimeout("alert('3 秒钟已到!')", 3000 );
```

(2) setTimeout(JavaScript 函数，等待的毫秒数)

例：3000 毫秒后，弹出对话框，提到“3 秒钟已到！”

```
setTimeout (function(){ alert("3 秒钟已到!"); }, 3000);
```

2. setInterval(）方法

setInterval( ) 方法可按照指定的周期(以毫秒计)来调用函数或计算表达式。

setInterval( ) 方法会不停地调用函数，直到 clearInterval( ) 被调用或窗口被关闭。

例：每 3 秒(3000 毫秒)弹出“Hello”，通过 clearInterval( ) 方法停止继续执行

```
timer =setInterval(function(){ alert("Hello"); }, 3000);
clearInterval(timer);
```

案例 1 实现计数

技能知识

(1) 为指定 id 的元素绑定事件。

例：

```
document.getElementById("start").onclick=run;
```

(2) 重复执行 setTimeout( )。

setTimeout( )预设只是执行一次，也可以实现循环执行。

例：

```
function run(){ t=setTimeout("run()", 1000); }
```

run()启动后，就会启动 setTimeout()，setTimeout( )再调用 run()，结果就可以循环执行 run( )，每秒执行一次。

(3)终止 setTimeout()的定时功能。

例：

```
function run(){ t=setTimeout("run()", 1000); }
clearTimeout(t);
```

【任务描述】

用 setTimeout()实现计数，如图 4-1 所示。

(1)单击“开始”按钮时，开始计数，每毫秒增加 1。

(2)单击“停止”按钮时，停止计数。

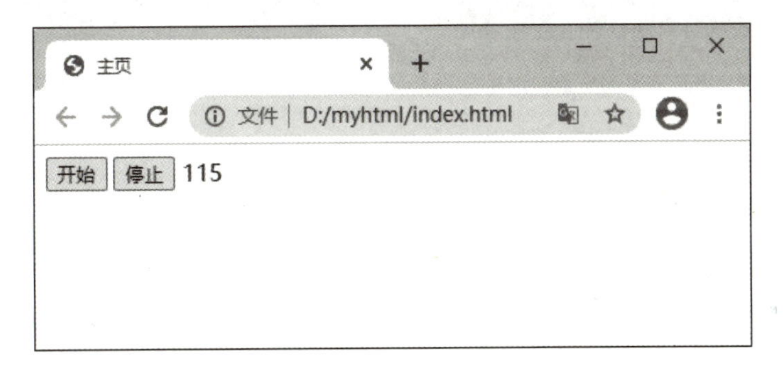

图 4-1

代码解读

```
function run()//定义函数 run(),实现计数功能
{
  x = x+1;
  document.getElementById("num").innerHTML=x;//x 显示在标签 num 中
  t=setTimeout("run()", 1);//每间隔 1 毫秒运行函数 run()一次
}
function stoprun()//定义函数 run(),停止计数功能
{
  clearTimeout(t); //清除计算器 t,实现停止计数功能
}
document.getElementById("start").onclick=run;//单击 start 时运行 run
document.getElementById("stop").onclick=stoprun;
//单击 stop 时运行 stoprun
```

【操作步骤】

操作视频

（1）新建 <button id="start">开始</button>、<button id="stop">停止</button>、<span id="num">0</span>等标签，如图 4-2 所示。

（2）JS 代码创建 run( ) 函数，实现调用 setTimeout( ) 计时循环执行 x=x+1 的功能，并在 num 标签中显示 x 的值；创建 stoprun( ) 函数，实现取消 setTimeout( ) 计时的功能；代码第 26 行、第 27 行实现在指定元素上绑定 onclick 事件，调用 run( ) 和 stoprun( ) 函数的功能，如图 4-3所示。

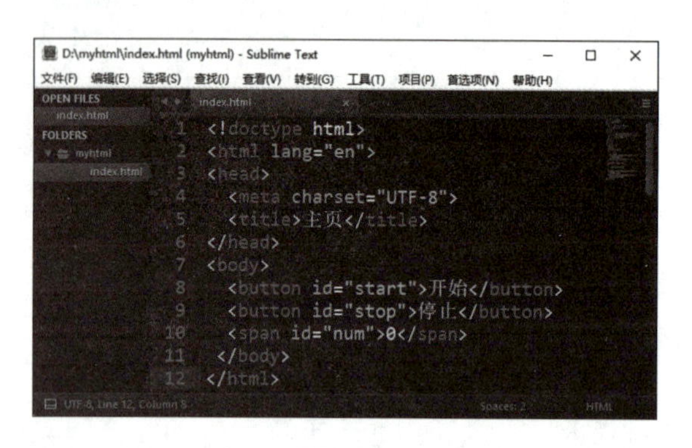

图 4-2

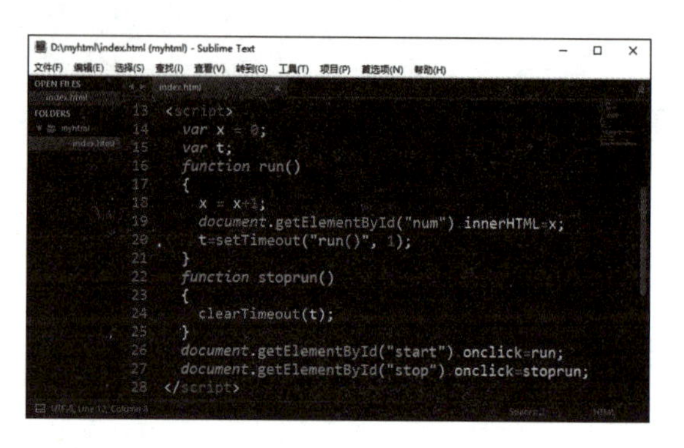

图 4-3

【参考代码】

```
1. <!doctype html>
2. <html lang="en">
3. <head>
4.   <meta charset="UTF-8">
5.   <title>主页</title>
6. </head>
7. <body>
8.   <button id="start">开始</button>
9.   <button id="stop">停止</button>
10.   <span id="num">0</span>
11. </body>
12. </html>
13. <script>
14.   var x = 0;
15.   var t;
16.   function run()
17.   {
18.     x = x+1;
19.     document.getElementById("num").innerHTML=x;
```

```
20.      t=setTimeout("run()", 1);
21.    }
22.    function stoprun()
23.    {
24.      clearTimeout(t);
25.    }
26.    document.getElementById("start").onclick=run;
27.    document.getElementById("stop").onclick=stoprun;
28. </script>
```

案例 2 电子钟

技能知识

(1) 获取当前日期与时间。

例：

```
var date=new Date();
```

从 date 中获取小时数可用 date.getHours()。

从 date 中获取分钟数可用 date.getMinutes()。

从 date 中获取秒钟数可用 date.getSeconds()。

(2) 如何在一位数字前加 0 字符成为两位数。

例：

```
if(hour<10){hour='0'+hour;}
```

【任务描述】

用 setTimeout() 实现一个电子钟，如图 4-4 所示。

(1) 设计一个矩形电子钟。

(2) 获取系统时间，在电子钟内实时显示时、分、秒。

图 4-4

代码解读

```
function showtime(){
    var date=new Date();//获取当前日期与时间
    var hour=date.getHours();//获取小时数
    if(hour<10){//如果只有一位数,即小于 10
      hour='0'+hour;//在数字前拼接 0 字符,成为两位数
    }
    var minute=date.getMinutes();//获取分钟数
      if(minute<10){ //如果只有一位数
       minute='0'+minute;//在数字前拼接 0 字符,成为两位数
    }
    var second=date.getSeconds();//获取秒数
       if(second<10){//如果只有一位数
      second='0'+second;//在数字前拼接 0 字符,成为两位数
    }
      var time=hour+'时'+minute+'分'+second+"秒";//生成时分秒字符串
      var timer=document.getElementById('box'); //找到 id=box 的标签
      timer.innerHTML=time;//把 time 值显示 timer 标签中
      setTimeout(showtime,1000);//一秒钟之后执行 showtime
  }
```

【操作步骤】

操作视频

(1)新建 <button id="start">开始</button>、<button id="stop">停止</button>、<span id="num">0</span>等标签，如图 4-5 所示。

(2)JS 代码创建 showtime()函数，实现获取系统时间的小时数、分钟数、秒数，然后用语句 setTimeout(showtime，1000)把时间实时显示在页面中，如图 4-6 所示。

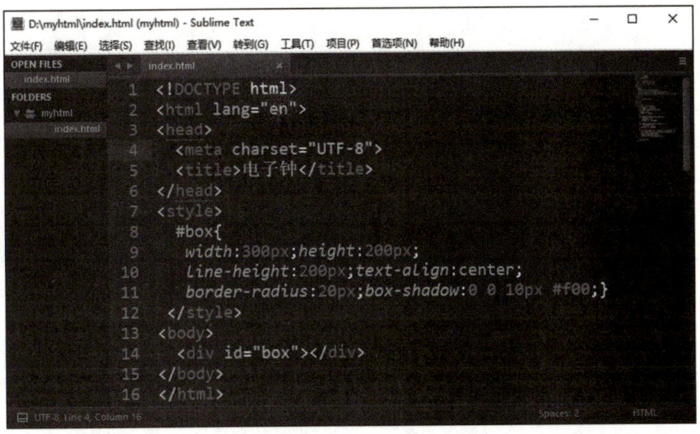

图 4-5

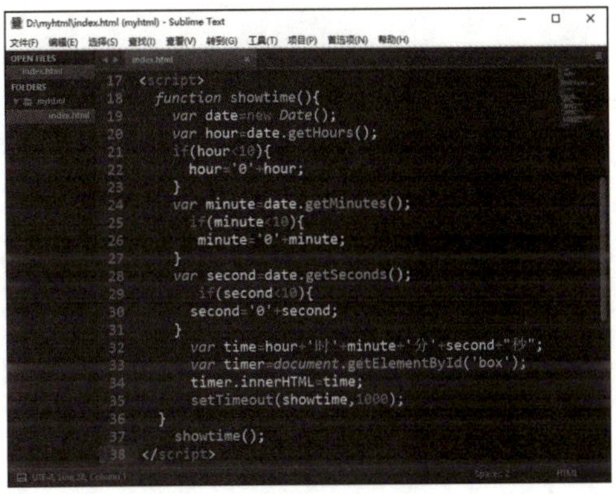

图 4-6

【参考代码】

```
1. <!DOCTYPE html>
2. <html lang="en">
3. <head>
4.   <meta charset="UTF-8">
5.   <title>电子钟</title>
6. </head>
7. <style>
8.   #box{
9.      width:300px;height:200px;
10.     line-height:200px;text-align:center;
11.     border-radius:20px;box-shadow:0 0 10px #f00;}
12.   </style>
13. <body>
14.   <div id="box"></div>
15. </body>
16. </html>
```

```
17. <script>
18.   function showtime(){
19.     var date=new Date();
20.     var hour=date.getHours();
21.     if(hour<10){
22.       hour='0'+hour;
23.     }
24.     var minute=date.getMinutes();
25.       if(minute<10){
26.       minute='0'+minute;
27.     }
28.     var second=date.getSeconds();
29.       if(second<10){
30.       second='0'+second;
31.     }
32.       var time=hour+'时'+minute+'分'+second+'秒';
33.       var timer=document.getElementById('box');
34.       timer.innerHTML=time;
35.       setTimeout(showtime,1000);
36.   }
37.   showtime();
38. </script>
```

案例 3 正弦运动轨迹

技能知识

(1)新建一个 div 标签。

例:

```
var temp = document.createElement('div');
```

(2)用数学函数去生成元素的 top 值。

例:

```
box.style.top=150+Math.sin(n/180)* 100+"px";
```

【任务描述】

用 setTimeout( )控制 div 运行，并产生正弦运动轨迹，如图 4-7 所示。

(1)设计一个方块的 div 标签，设置属性 position:absolute。

(2)用数学函数 sin( )控制标签的左边界 left 的值。

(3)向 body 添加同样的 div，产生运动轨迹。

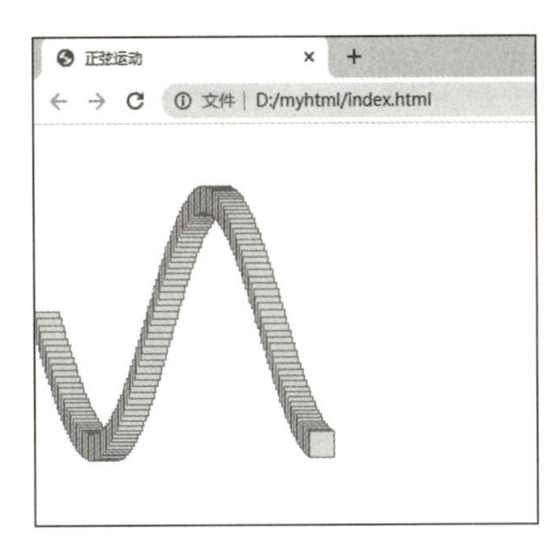

图 4-7

代码解读

```
function run()//定义 run 函数
  {
    box.style.left=n/6+"px";//left 随 n 值的增加而增加
    box.style.top=150+Math.sin(n/180)* 100+"px";
    //top 由数学函数 sin()产生
    var temp = document.createElement('div'); //新建一个 div 标签 temp
    temp.style.top=150+Math.sin(n/180)* 100+"px";//设置标签 temp 的 top 值
    temp.style.left=n/6+"px";//设置标签 temp 的 left 值
    document.body.appendChild(temp); //div 标签 temp 添加到 body 中
    n=n+10;
    setTimeout(run,10);//延迟 10 毫秒运行 run 函数
  }
```

【操作步骤】

操作视频

(1)新建<div id="box"></div>标签，并设置 div 样式，如图 4-8 所示。

(2)JS 代码创建 run( )函数，用 Math.sin( )函数值生成元素的 top 值，产生一个类似于正弦运动轨迹的动画，如图 4-9 所示。

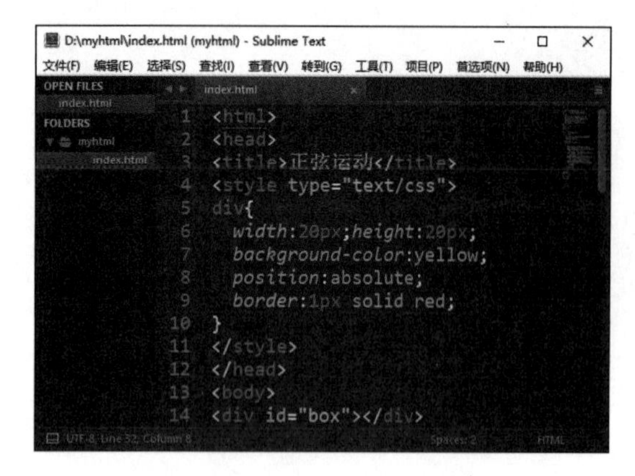

图 4-8

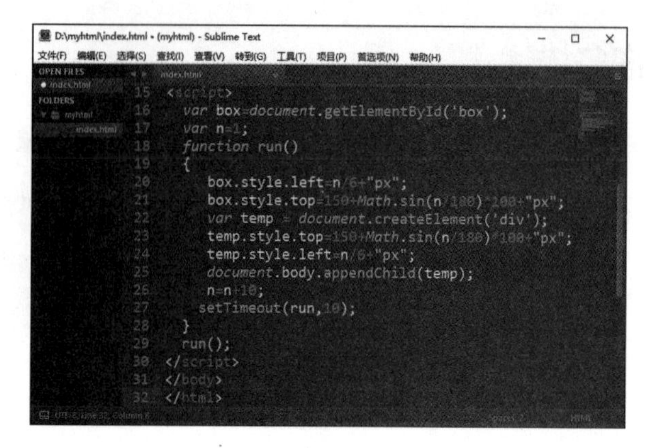

图 4-9

【参考代码】

```
1. <html>
2. <head>
3. <title>正弦运动</title>
4. <style type="text/css">
5. div{
6.   width:20px;height:20px;
7.   background-color:yellow;
8.   position:absolute;
9.   border:1px solid red;
10. }
11. </style>
12. </head>
13. <body>
14. <div id="box"></div>
15. <script>
16.   var box=document.getElementById('box');
17.   var n=1;
18.   function run()
19.   {
20.     box.style.left=n/6+"px";
21.     box.style.top=150+Math.sin(n/180)*100+"px";
22.     var temp = document.createElement('div');
23.     temp.style.top=150+Math.sin(n/180)*100+"px";
24.     temp.style.left=n/6+"px";
25.     document.body.appendChild(temp);
26.     n=n+10;
27.     setTimeout(run,10);
28.   }
```

```
29. run();
30. </script>
31. </body>
32. </html>
```

案例 4 漂浮的广告

技能知识

(1)变量的正负数巧用。

例:

```
function run(){
    tempX+=directX* 2;
    tempY+=directY* 2;
    adv.style.top=tempY+"px";
    adv.style.left=tempX+"px";
}
```

当 directX 为正数时, adv 的 adv.style.left 增大;当 directX 为负数时, adv 的 adv.style.left 减少。

(2) setInterval()。

例:

```
setInterval("run()", 1000);
```

每间隔 1000 毫秒执行一次函数 run()。

【任务描述】

实现一个在页面上漂浮的广告,如图 4-10 所示。

(1)在页面上设置一个广告内容,样式设置 position:absolute。

(2)用 setInterval()实现广告内容在页面上漂浮的效果,广告内容在漂浮过程中碰到页面边界时会反弹。

代码解读

```
function run(){
    tempX+=directX*2;//相当于tempX=tempX+directX*2,更改tempX变量值
    tempY+=directY*2;
    adv.style.top=tempY+"px";//用tempY值更改adv的上边界top
    adv.style.left=tempX+"px";//用tempX值更改adv的左边界left
    if(tempX+adv.offsetWidth>=document.body.clientWidth ||tempX<=0){
        //adv.offsetWidth是adv的实际宽度;
        //document.body.clientWidth是网页可见区域宽度
        //当tempX+adv的实际宽度>=网页可见区域宽或tempX<=0时
        directX=-directX; //改变directX的正负数符号
    }
    if(tempY+adv.offsetHeight>=document.body.clientHeight ||tempY<=0){
        //adv.offsetHeight是adv的实际高度
        //document.body.clientHeight是网页可见区域高度
        //当tempY+adv的实际高度>=网页可见区域高度或tempY<=0时
        directY=-directY; //改变directY的正负数符号
    }
}
```

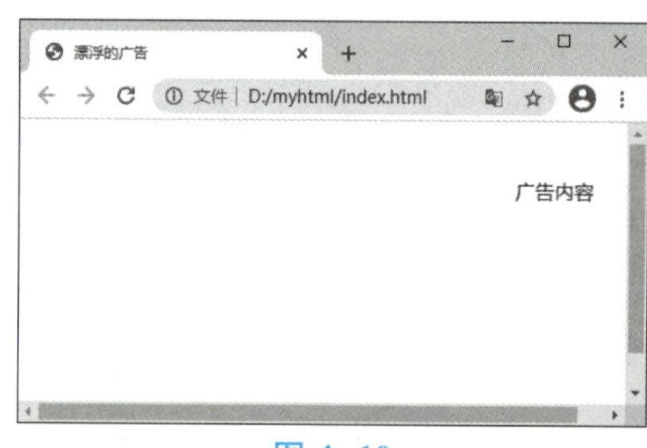

图 4-10

【操作步骤】

操作视频

(1)新建<div id="adv" style="position: absolute;">标签，并设置<body>的样式，如图 4-11 所示。

```
<!DOCTYPE html>
<html lang="en">
<head>
  <meta charset="UTF-8">
  <title>漂浮的广告</title>
</head>
<body style="height:100vh;width:100vw;">
  <div id="adv" style="position:absolute;">
    广告内容
  </div>
</body>
</html>
```

图 4-11

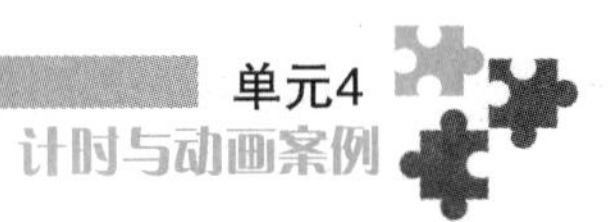

（2）JS 代码创建 run( ) 函数，实现元素在页面上漂浮运动的效果，如图 4-12 所示。

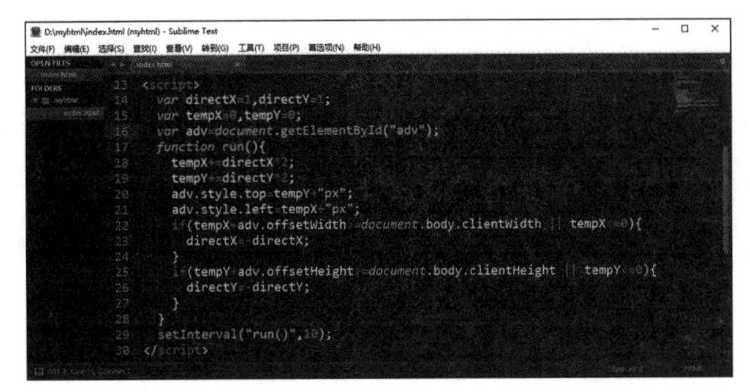

图 4-12

【参考代码】

```
1. <!DOCTYPE html>
2. <html lang="en">
3. <head>
4.   <meta charset="UTF-8">
5.   <title>漂浮的广告</title>
6. </head>
7. <body style="height:100vh;width:100vw;">
8.   <div id="adv" style="position:absolute;">
9.     广告内容
10.   </div>
11. </body>
12. </html>
13. <script>
14.   var directX=1,directY=1;
15.   var tempX=0,tempY=0;
16.   var adv=document.getElementById("adv");
17.   function run(){
18.     tempX+=directX* 2;
19.     tempY+=directY* 2;
20.     adv.style.top=tempY+"px";
21.     adv.style.left=tempX+"px";
22.     if(tempX+adv.offsetWidth>=document.body.clientWidth ||tempX<=0){
23.       directX=-directX;
24.     }
25.     if(tempY+adv.offsetHeight>=document.body.clientHeight ||tempY<=0){
26.       directY=-directY;
27.     }
28.   }
29.   setInterval("run()",10);
30. </script>
```

案例 5 动画应用

技能知识

(1)定义空值变量。

例:

```
var runner=null;
```

(2)减少 top 值，控制元素向上移。

例:

```
t--;
rocket.style.top=t+"vh";
```

(3)使用 clearInterval()取消计时器功能 。

例:

```
runer=setInterval("run()", 10);
clearInterval(runner);
```

【任务描述】

实现重复控制火箭升空的效果，如图 4-13 所示。

(1)页面中有一个“开始”按钮和一个待升空的火箭图片。

(2)单击“开始”按钮后，实现图片从页面底部升到页面顶部之外的功能。

(3)再次单击“开始”按钮后，重复执行相同的动作。

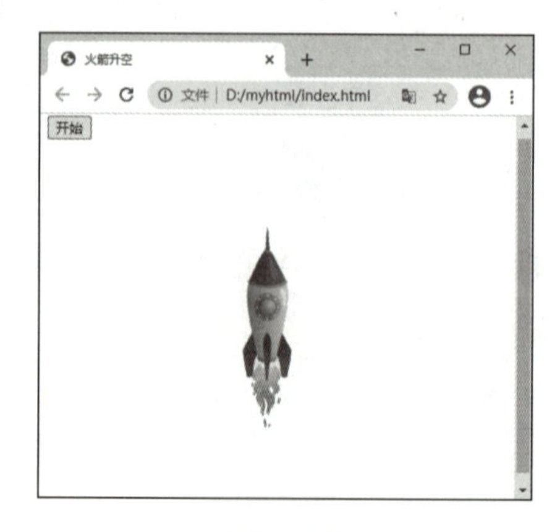

图 4-13

代码解读

```
function run(){//定义 run 函数
  t--;
  rocket.style.top=t+"vh";
  //设置标签 rocket 的 top 值,随着 t 的减少,达到上升的效果
}
var start=document.getElementById("start");
start.onclick=function(){//定义标签 start 的 onclick 事件
  t=80;
  rocket.style.top=t+"vh"; //设置标签 rocket 的 top 值为 80vh
//80vh 相当于置于距离屏幕上边界 80% 的位置
  clearInterval(runner);//取消 setInterval()函数的定时 runner 操作
  runer=setInterval("run()",10); //定时操作赋值变量 runner
}
```

【操作步骤】

操作视频

（1）新建<button id="start">开始</button>标签；创建<div id="rocket" style="position:absolute;">标签，并在标签中创建<img src="rocket.gif" alt="">，显示 gif 动画，如图 4-14 所示。

（2）JS 代码创建 run()函数，实现控制元素 top 值减少，呈现上升移动的效果，如图 4-15 所示。

图 4-14

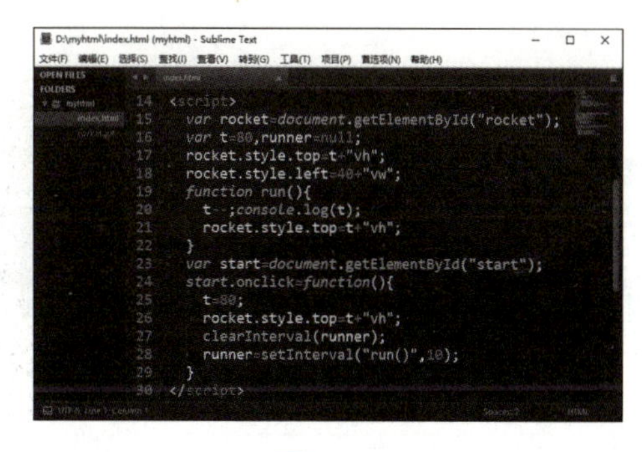

图 4-15

【参考代码】

```
1. <!DOCTYPE html>
2. <html lang="en">
3. <head>
4.   <meta charset="UTF-8">
5.   <title>火箭升空</title>
6. </head>
```

```
7. <body style="height:100vh;">
8. <button id="start">开始</button>
9.   <div id="rocket" style="position:absolute;">
10.     <img src="rocket.gif" alt="">
11.   </div>
12. </body>
13. </html>
14. <script>
15.   var rocket=document.getElementById("rocket");
16.   var t=80,runner=null;
17.   rocket.style.top=t+"vh";
18.   rocket.style.left=40+"vw";
19.   function run(){
20.     t--;console.log(t);
21.     rocket.style.top=t+"vh";
22.   }
23.   var start=document.getElementById("start");
24.   start.onclick=function(){
25.     t=80;
26.     rocket.style.top=t+"vh";
27.     clearInterval(runner);
28.     runner=setInterval("run()",10);
29.   }
30. </script>
```

案例 6 秒表

技能知识

(1)实现大于 60 时进位的功能。

例:

```
if(s>=60){
   s=0;
   m++;
 }
```

(2)标签显示时分秒内容。

例：

```
 showtime[0].innerHTML=m; //在 showtime[0]显示 m 值
 showtime[2].innerHTML=s; //在 showtime[2]显示 s 值
 showtime[4].innerHTML=mi; //在 showtime[4]显示 mi 值
```

(3)单击标签取消计时功能。

例：

```
pause.onclick=function(){
    clearInterval(runner);
  }
```

【任务描述】

实现简单的秒表功能，如图 4-16 所示。

(1)页面上设置“暂停”和“启动”两个按钮。

(2)单击“启动”按钮，开始秒表功能。

(3)单击“暂停”按钮，暂停秒表功能。

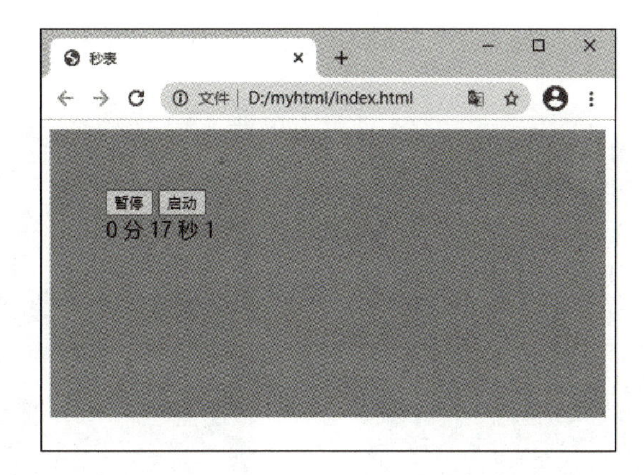

图 4-16

代码解读

```
var showtime=document.getElementById("showtime");
showtime=showtime.getElementsByTagName("span");
//在 id=showtime 标签内再获取所有 span 的标签
var runner=null; //定义变量,初始化为空值
var mi=0,s=0,m=0;
function run(){
  mi++;
  if(mi>=100){//如果 mi>=100,mi=0,秒的变量 s=s+1
```

```
        mi=0;
        s++;
        if(s>=60){ //如果秒的变量 s>=60,分钟的变量 m=m+1
          s=0;
          m++;
          if(m>=60){ //如果分钟的变量 m>=60,m=0
            m=0;
          }
        }
      }
      showtime[0].innerHTML=m; //在 showtime[0]显示 m 值
      showtime[2].innerHTML=s; //在 showtime[2]显示 s 值
      showtime[4].innerHTML=mi; //在 showtime[4]显示 mi 值
    }
```

【操作步骤】

操作视频

（1）创建<button id="pause">暂停</button>、<button id="start">启动</button>标签；创建<div id="showtime">标签，并在标签中创建<span>00</span>、<span>分</span>、<span>00</span>、<span>秒</span>、<span>00</span>等标签显示时间，如图 4-17 所示。

（2）JS 代码创建 run( ) 函数，实现秒表的功能，如图 4-18 所示。

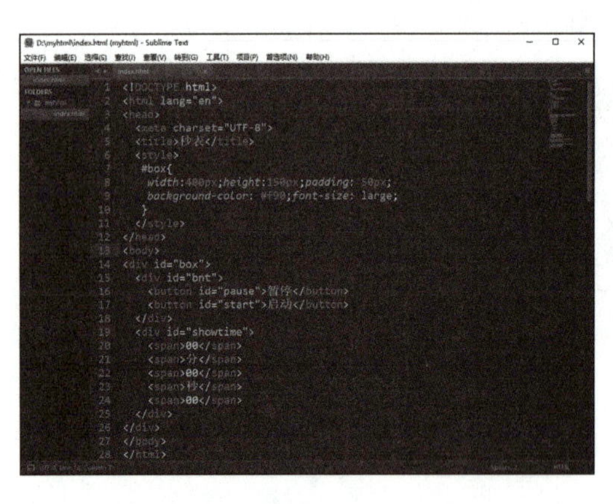

图 4-17

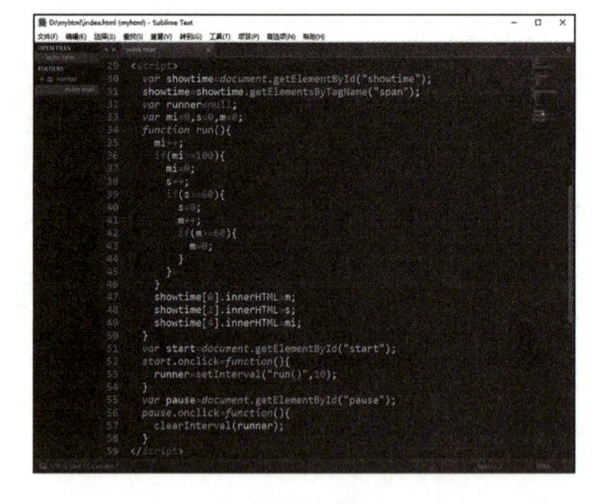

图 4-18

【参考代码】

```
1. <!DOCTYPE html>
2. <html lang="en">
3. <head>
4.   <meta charset="UTF-8">
5.   <title>秒表</title>
6.   <style>
```

```
7.  #box{
8.    width:400px; height:150px; padding:50px;
9.    background-color:#f90; font-size:large;
10.   }
11.  </style>
12. </head>
13. <body>
14. <div id="box">
15.   <div id="bnt">
16.     <button id="pause">暂停</button>
17.     <button id="start">启动</button>
18.   </div>
19.   <div id="showtime">
20.     <span>00</span>
21.     <span>分</span>
22.     <span>00</span>
23.     <span>秒</span>
24.     <span>00</span>
25.   </div>
26. </div>
27. </body>
28. </html>
29. <script>
30.   var showtime=document.getElementById("showtime");
31.   showtime=showtime.getElementsByTagName("span");
32.   var runner=null;
33.   var mi=0,s=0,m=0;
34.   function run(){
35.     mi++;
36.     if(mi>=100){
37.       mi=0;
38.       s++;
39.       if(s>=60){
40.         s=0;
41.         m++;
42.         if(m>=60){
43.           m=0;
44.         }
45.       }
46.     }
47.     showtime[0].innerHTML=m;
```

```
48.     showtime[2].innerHTML=s;
49.     showtime[4].innerHTML=mi;
50.   }
51.   var start=document.getElementById("start");
52.   start.onclick=function(){
53.     runner=setInterval("run()",10);
54.   }
55.   var pause=document.getElementById("pause");
56.   pause.onclick=function(){
57.     clearInterval(runner);
58.   }
59. </script>
```

案例7 自动进度条

技能知识

(1)在 document 文档加载完成后则执行函数。

例:

```
onload = function(){
  run();
}
```

(2)根据条件停止计时功能。

例:

```
if(bar.style.width == "100% "){ //如果 bar 的宽度等于 100%
  clearTimeout(timer); //停止时钟
  return; //停止代码运行
}
```

【任务描述】

实现自动执行的进度条功能,如图 4-19 所示。

(1)页面打开后,进度条自动从 1%逐渐增长到 100%。

(2)以数字和图形样式呈现进度条的变化过程。

(3)宽度到达100%时，停止变化。

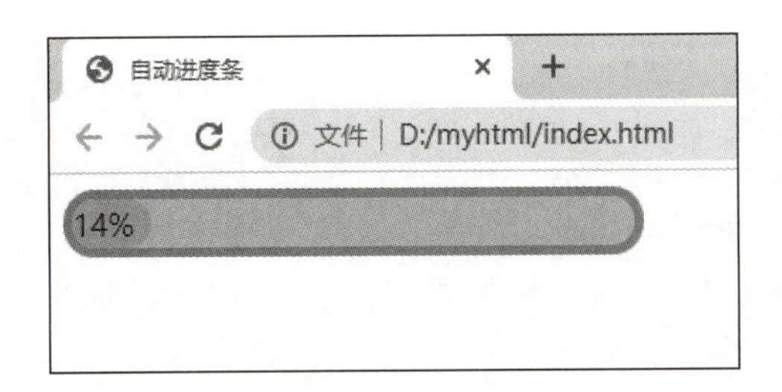

图 4-19

代码解读

```
<script>
  onload = function(){//文档载入完毕即运行 run()
    run();
  }
  function run(){//定义 run()
    var bar = document.getElementById("bar");
    bar.style.width=parseInt(bar.style.width) + 1 + "% ";
    //bar 的宽度加 1 后拼接成百分比重新设置 bar 的宽度,实现 bar 宽度增长的效果
    bar.innerHTML = bar.style.width;//bar 宽度值显示在 bar 中
    if(bar.style.width == "100% "){//如果 bar 的宽度等于 100%
      clearTimeout(timer);//停止时钟
      return;//停止代码运行
    }
    var timer=setTimeout("run()",100);//每 100 毫秒运行一次 run()
  }
</script>
```

【操作步骤】

操作视频

(1)设置#back、#bar 样式，如图 4-20 所示。

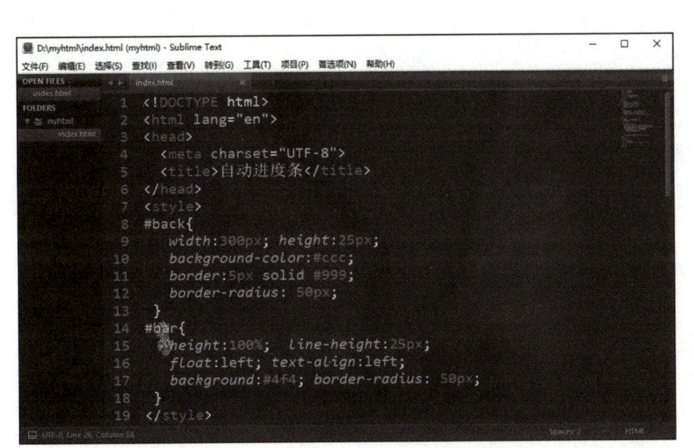

```
1  <!DOCTYPE html>
2  <html lang="en">
3  <head>
4    <meta charset="UTF-8">
5    <title>自动进度条</title>
6  </head>
7  <style>
8  #back{
9     width:300px; height:25px;
10    background-color:#ccc;
11    border:5px solid #999;
12    border-radius: 50px;
13  }
14 #bar{
15    height:100%;  line-height:25px;
16    float:left; text-align:left;
17    background:#4f4; border-radius: 50px;
18  }
19 </style>
```

图 4-20

（2）创建<div id="bar" style="width:0%;"></div>标签，JS 代码创建 run( ) 函数，实现进度条的功能，如图 4-21 所示。

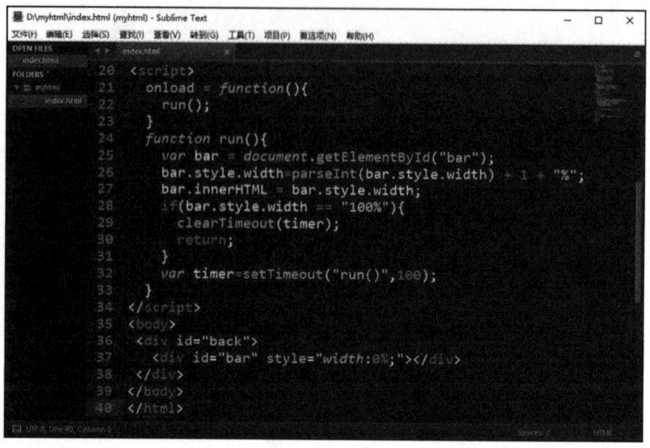

图 4-21

【参考代码】

```
1. <!DOCTYPE html>
2. <html lang="en">
3. <head>
4.   <meta charset="UTF-8">
5.   <title>自动进度条</title>
6. </head>
7. <style>
8. #back{
9.    width:300px; height:25px;
10.   background-color:#ccc;
11.   border:5px solid #999;
12.   border-radius: 50px;
13.
14. #bar{
15.   height:100% ;  line-height:25px;
16.   float:left; text-align:left;
17.   background:#4f4; border-radius: 50px;
18. }
19. </style>
20. <script>
21.   onload =function(){
22.     run();
23.   }
24.   function run(){
25.     var bar = document.getElementById("bar");
```

```
26.     bar.style.width=parseInt(bar.style.width) + 1 + "% ";
27.     bar.innerHTML = bar.style.width;
28.     if(bar.style.width == "100% "){
29.       clearTimeout(timer);
30.       return;
31.     }
32.     var timer=setTimeout("run()",100);
33.   }
34. </script>
35. <body>
36.  <div id="back">
37.    <div id="bar" style="width:0% ;"></div>
38.      </div>
39. </body>
40. </html>
```

案例 8 九宫格抽奖

技能知识

(1)定义空数组和空变量。

例:

```
var li=[], timer = null; //定义数组变量 li; 定义变量 timer 且为空值
```

(2)if 句语验证两变量相等。

例:

```
if(i == num){}
```

(3)删除元素的样式。

例:

```
li[j].className = '';
```

【任务描述】

实现九宫格抽奖功能,如图 4-22 所示。

(1)单击“开始”，实现随机功能。

(2)实现抽奖过程动画效果。

(3)最后显示抽奖结果。

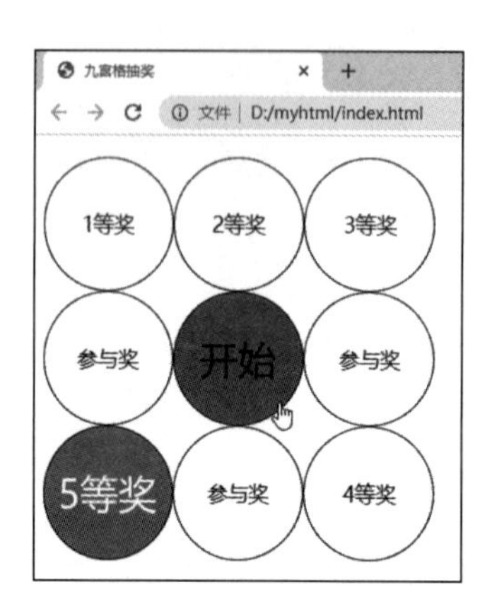

图 4-22

代码解读

```
<script>
var box = document.getElementById('box');//获取标签 box
var arli= box.getElementsByTagName('li');//获取所有标签 li
var li=[],timer = null;//定义数组变量 li,定义变量 timer 且为空值
li[0]=arli[0]; li[1]=arli[1]; li[2]=arli[2];li[3]=arli[4];
li[4]=arli[7]; li[5]=arli[6]; li[6]=arli[5];li[7]=arli[3];
//按功能需求的顺序重新存放元素的顺序
show = document.getElementById('show');//获取标签 show
function start(){
   var i = 0;
   var num = 30+Math.floor(Math.random() *  li.length);
   //随机产生大于等于 30 少于 li.length 的整数
   if(i<num){//如何 i 小于 num
     timer = setInterval(function(){//执行计时器
     for(var j=0;j<li.length;j++){//遍历所有元素
      li[j].className = '';//清空所有元素的 clsssName
     }
     li[i% li.length].className = 'active';//设置当前元素的样式为 active
     i++;
     if(i == num){//如果 i 与 num 相等
      clearInterval(timer);//停止计时器
     }
     },50);//每 50 毫秒执行一次计时器
   }
}
```

```
function begin () {
  start ();//调用函数 start ()
}
</script>
```

【操作步骤】

操作视频

(1)创建<ul id="myul">标签，设置#box 等样式，创建多个<li>显示得奖等级信息，如图 4-23 所示。

(2)JS 代码创建 start()函数，实现抽奖动画效果，如图 4-24 所示。

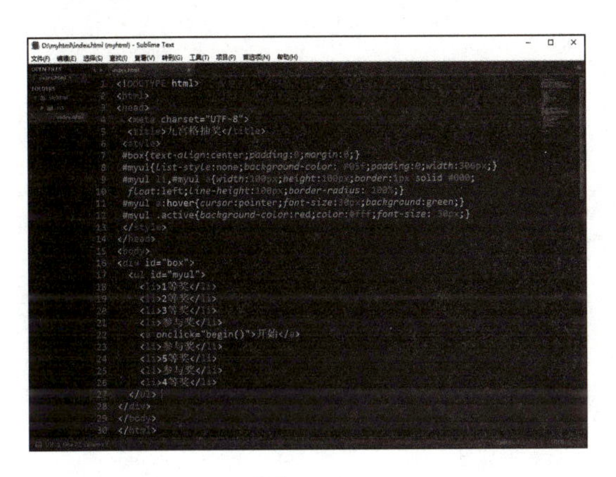
图 4-23

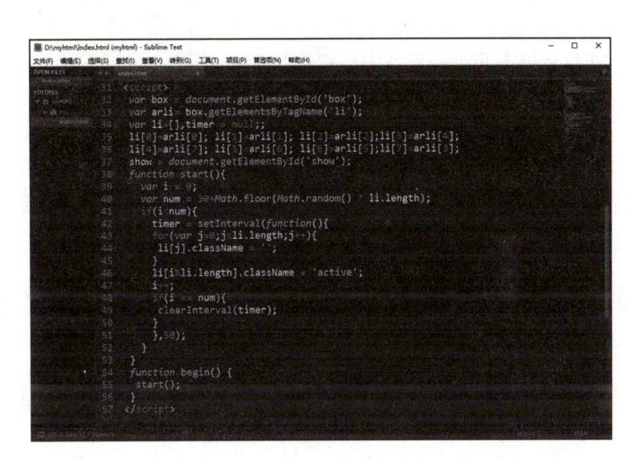
图 4-24

【参考代码】

```
1. <!DOCTYPE html>
2. <html>
3. <head>
4.   <meta charset="UTF-8">
5.   <title>九宫格抽奖</title>
6. <style>
7. #box{text-align:center;padding:0;margin:0;}
8. #myul{list-style:none;background-color: #05f;padding:0;width:306px;}
9. #myul li,#myul a{width:100px;height:100px;border:1px solid #000;
10. float:left;line-height:100px;border-radius: 100% ;}
11. #myul a:hover{cursor:pointer;font-size:30px;background:green;}
12. #myul .active{background-color:red;color:#fff;font-size: 30px;}
13.   </style>
14. </head>
15. <body>
16. <div id="box">
17.   <ul id="myul">
```

```
18.     <li>1 等奖</li>
19.     <li>2 等奖</li>
20.     <li>3 等奖</li>
21.     <li>参与奖</li>
22.     <a onclick="begin()">开始</a>
23.     <li>参与奖</li>
24.     <li>5 等奖</li>
25.     <li>参与奖</li>
26.     <li>4 等奖</li>
27.   </ul>
28. </div>
29. </body>
30. </html>
31. <script>
32.   var box = document.getElementById('box');
33.   var arli= box.getElementsByTagName('li');
34.   var li=[],timer = null;
35.    li[0]=arli[0]; li[1]=arli[1]; li[2]=arli[2];li[3]=arli[4];
36.    li[4]=arli[7]; li[5]=arli[6]; li[6]=arli[5];li[7]=arli[3];
37.    show =document.getElementById('show');
38.   function start(){
39.     var i = 0;
40.     var num = 30+Math.floor(Math.random() *  li.length);
41.     if(i<num){
42.        timer = setInterval(function(){
43.       for(var j=0;j<li.length;j++){
44.         li[j].className ='';
45.       }
46.       li[i% li.length].className ='active';
47.       i++;
48.       if(i == num){
49.         clearInterval(timer);
50.       }
51.       },50);
52.     }
53. }
54. function begin() {
55.   start();
56. }
57. </script>
```

案例 9 数字图片显示时间

技能知识

(1)返回指定位置的字符 charAt()方法。

例:

```
timestr.charAt(i)//返回变量 timestr 字符串中的处于 i 位置的字符
```

(2)变量与字符串生成文件名。

例:

```
vImg[i].src="images/"+timestr.charAt(i)+".jpg";
```

【任务描述】

用数字图片实现显示时间的功能，如图 4-25 所示。

(1)实时获取系统时间的分、秒、毫秒。

(2)用数字图片表示时间。

图 4-25

代码解读

```
<script>
window.onload=function(){//页面内容载入完成后执行
function showtime(){//定义函数 showtime
    var currtime=new Date();//获取系统时间
    var timestr=setDouble(currtime.getMinutes());//获取分钟数拼入字符串
    timestr+=setDouble(currtime.getSeconds());//获取秒钟数拼入字符串
```

```
      timestr+=setDouble(currtime.getMilliseconds());//获取毫秒数拼入字符串
      var vImg=document.getElementsByTagName('img');
      for(var i=0;i<vImg.length;i++)
      {
        vImg[i].src="images/"+timestr.charAt(i)+".jpg";
      }
    }
    setInterval(showtime,10);//每10毫秒执行一次showtime函数
    showtime();//执行showtime()函数
    }
    function setDouble(n){//定义函数,参数为n
      if(n<10){//如果n小于10,即n为一位数
        return '0'+n;//把0字符与n拼成字符串,实现两位数
      }else{//否则,即n不是一位数
        return ''+n;//空字符与n串联,把n转变为字符串类型
      }
    }
    </script>
```

【操作步骤】

操作视频

（1）JS 代码创建 showtime( ) 函数，实现获取系统时间，用数字图片表示时间，如图 4-26 所示。

（2）JS 代码创建 setDouble(n) 函数，实现两位数显示数字的功能；在<body>标签中创建多个<img src = " images/0. jpg" alt = " " >标签，用于显示图片文件，如图 4-27 所示。

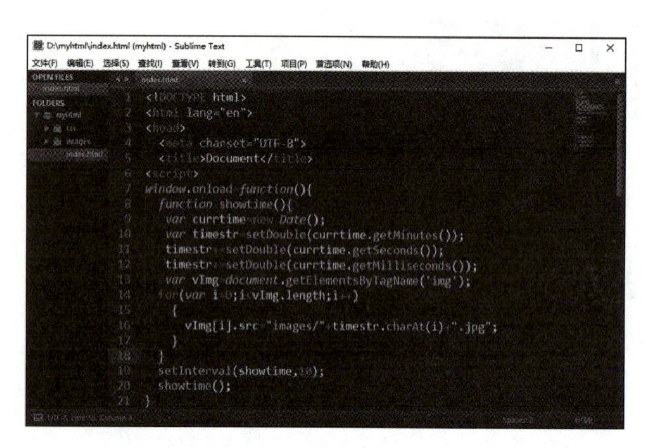

图 4-26

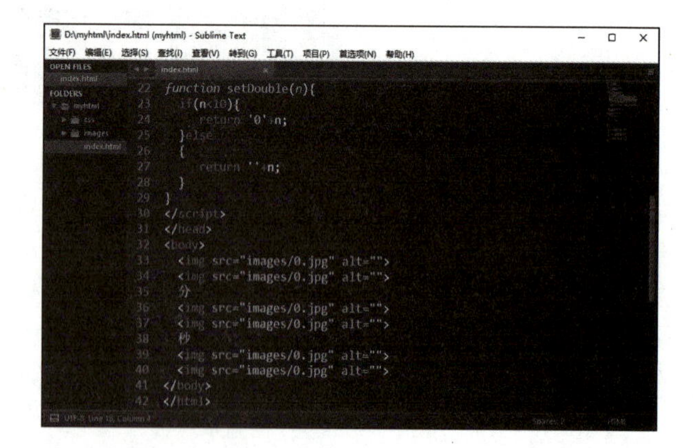

图 4-27

【参考代码】

```
1. <!DOCTYPE html>
2. <html lang="en">
```

```
3. <head>
4.   <meta charset="UTF-8">
5.   <title>Document</title>
6. <script>
7. window.onload=function(){
8.    function showtime(){
9.    var currtime=new Date();
10.   var timestr=setDouble(currtime.getMinutes());
11.   timestr+=setDouble(currtime.getSeconds());
12.   timestr+=setDouble(currtime.getMilliseconds());
13.   var vImg=document.getElementsByTagName('img');
14.   for(var i=0;i<vImg.length;i++)
15.   {
16.     vImg[i].src="images/"+timestr.charAt(i)+".jpg";
17.   }
18. }
19. setInterval(showtime,10);
20. showtime();
21. }
22.  function setDouble(n){
23.  if(n<10){
24.    return '0'+n;
25.  }else
26.  {
27.    return ''+n;
28.  }
29. }
30. </script>
31. </head>
32. <body>
33.  <img src="images/0.jpg" alt="">
34.  <img src="images/0.jpg" alt="">
35.  分
36.  <img src="images/0.jpg" alt="">
37.  <img src="images/0.jpg" alt="">
38.  秒
39.  <img src="images/0.jpg" alt="">
40.  <img src="images/0.jpg" alt="">
41. </body>
42. </html>
```

案例 10 图片轮播

技能知识

(1)用 for 语句遍历元素集的技巧。

例:

```
for(var i=0; i<vImg.length; i++){
  vImg[i].className = 'noshow';
  vdot[i].className = 'dotgreen';
}
```

(2) if 语句的条件表达式应用。

例:

```
if(t==vImg.length){//当 t 与 vImg.length 相等时, 注意要用"=="
  t=0;
 }
```

【任务描述】

实现图片轮播的功能，如图 4-28 所示。

(1)编程实现图片轮播功能。

(2)轮播图片设有轮播提示点，对应提示正在显示的是第几张图和图的总数。

图 4-28

代码解读

```
window.onload=function(){//完成载入后执行函数
var t=0;
var run=null;//定义变量 run,初始值为空值
var vImg=document.getElementsByTagName('img');//获取所有 img 标签
var vdot=document.getElementById('icon').getElementsByTagName('dot');
//获取 icon 标签内的所有 dot 标签
  console.log(vdot);//在 Console 窗口输出 vdot 的值
  function showpic(){
   for(var i=0;i<vImg.length;i++){
     vImg[i].className = 'noshow';//设置当前元素的类样式名为 noshow
     vdot[i].className = 'dotgreen';//设置当前元素的类样式名为 dotgreen
   }
   t++;
   if(t==vImg.length){//当 t 与 vImg.length 相等时,注意要用"=="
      t=0;
   }
     vImg[t].className = 'show'; //设置当前元素的类样式名为 show
     vdot[t].className = 'dotred';//设置当前元素的类样式名为 dotred
  }
  run=setInterval(showpic,400);//每 400 毫秒执行一次 showpic 函数
  }
```

【操作步骤】

操作视频

(1)设置.show、.noshow、#icon dot、.dotgreen、.dotred 等样式，如图 4-29 所示。

(2)JS 代码创建 showpic()函数，实现图片轮播的功能，如图 4-30 所示。

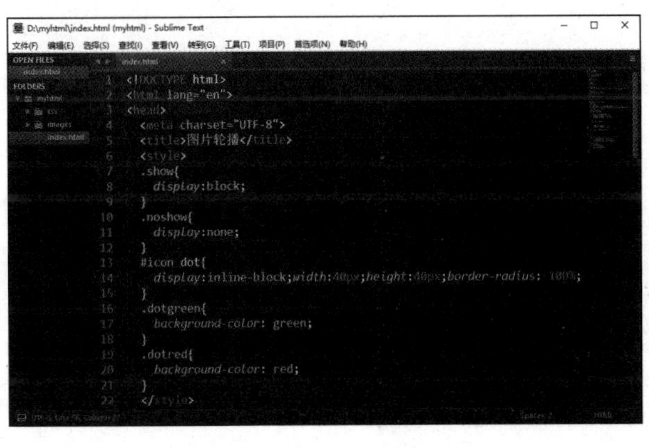

图 4-29

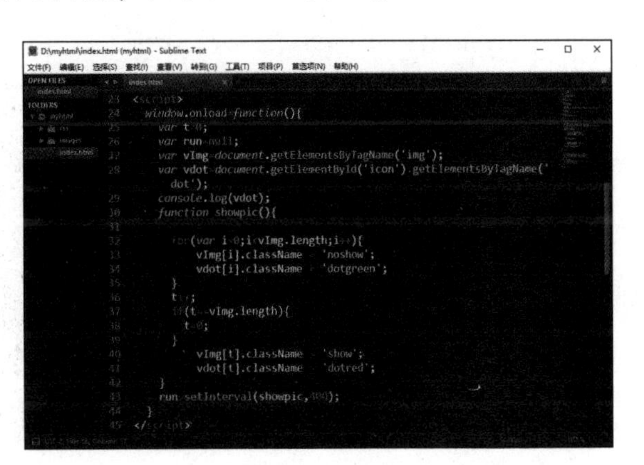

图 4-30

(3)在<body>中创建多个<img>标签，显示图片；创建<div id="icon"></div>标签，显示图片轮播的指示点，如图 4-31 所示。

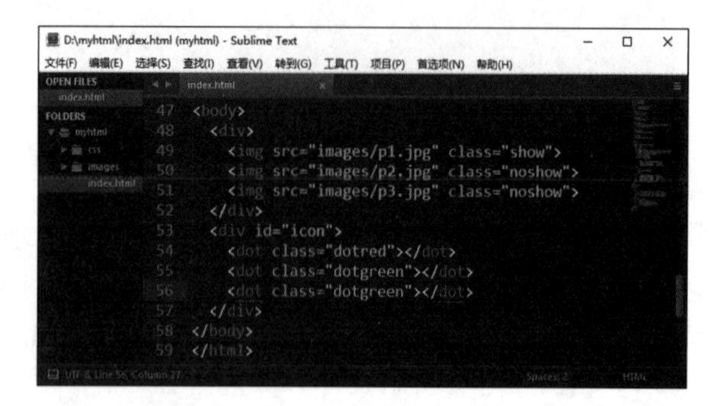

图 4-31

【参考代码】

```
1. <!DOCTYPE html>
2. <html lang="en">
3. <head>
4.   <meta charset="UTF-8">
5.   <title>图片轮播</title>
6.   <style>
7.   .show{
8.     display:block;
9.   }
10.   .noshow{
11.     display:none;
12.   }
13.   #icon dot{
14.     display:inline-block;width:40px;height:40px;border-radius: 100% ;
15.   }
16.   .dotgreen{
17.     background-color: green;
18.   }
19.   .dotred{
20.     background-color: red;
21.   }
22.   </style>
23. <script>
24.   window.onload=function(){
25.     var t=0;
26.     var run=null;
27.     var vImg=document.getElementsByTagName('img');
28.     var vdot=document.getElementById('icon').getElementsByTagName('dot');
29.     console.log(vdot);
30.     function showpic(){
```

```
31.         for(var i=0;i<vImg.length;i++){
32.           vImg[i].className ='noshow';
33.           vdot[i].className ='dotgreen';
34.         }
35.         t++;
36.         if(t==vImg.length){
37.           t=0;
38.         }
39.         vImg[t].className ='show';
40.         vdot[t].className ='dotred';
41.     }
42.     run=setInterval(showpic,400);
43.   }
44. </script>
45. </head>
46. <body>
47.   <div>
48.     <img src="images/p1.jpg" class="show">
49.     <img src="images/p2.jpg" class="noshow">
50.     <img src="images/p3.jpg" class="noshow">
51.   </div>
52.   <div id="icon">
53.     <dot class="dotred"></dot>
54.     <dot class="dotgreen"></dot>
55.     <dot class="dotgreen"></dot>
56.   </div>
57. </body>
58. </html>
```

【单元小结】

案例 1 讲解了应用 setTimeout( )实现循环计数，案例 2 讲解了电子钟的实现技巧，案例 3 讲解了数学函数的应用，案例 4 讲解了漂浮广告的实现技巧，案例 5 讲解了动画的实现技巧，案例 6 讲解了秒表的设计，案例 7 讲解了进度条基本实现技巧，案例 8 讲解了抽奖的基本应用，案例 9 讲解了数字图片应用技巧，案例 10 讲解了图片轮播的实现技巧。

【拓展任务】

拓展任务1 数字倒数

【任务描述】

输入开始倒数的数字，实现倒数功能，如图4-32所示。

(1)单击“准备”按钮，提取输入框的数字。

(2)单击“开始倒数”按钮，执行倒数。

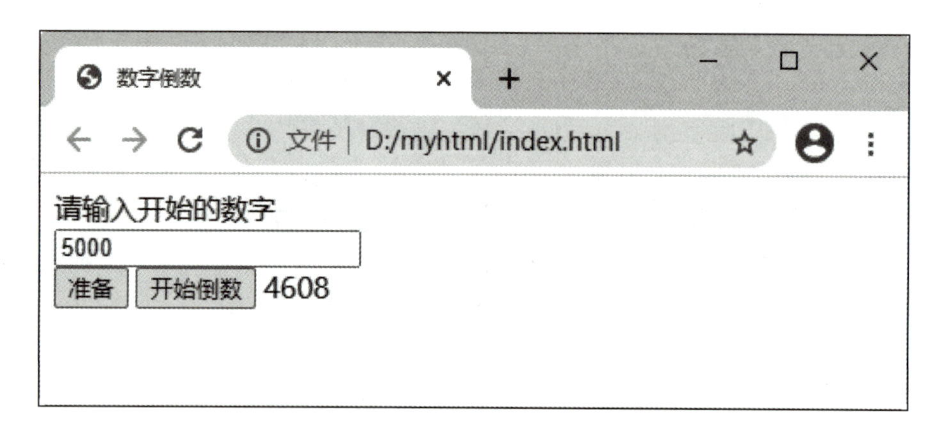

图4-32

【参考代码】

```
1. <!doctype html>
2. <html lang="en">
3. <head>
4.   <meta charset="UTF-8">
5.   <title>数字倒数</title>
6. </head>
7. <body>
8.    请输入开始的数字 <br>
9.    <input id="data" type="text" value=500> <br>
10.   <button id="reset">准备</button>
11.   <button id="start">开始倒数</button>
12.   <span id="num">0</span>
13.  </body>
14. </html>
15. <script>
```

```
16.  var x = 0;
17.  var t;
18.  function reset(){
19.    x =document.getElementById("data").value;
20.  }
21.  function run(){
22.    if(x>0){
23.      x = x-1;
24.      document.getElementById("num").innerHTML=x;
25.      t=setTimeout("run()", 1);
26.    }else{
27.      clearTimeout(t);
28.    }
29.  }
30. document.getElementById("reset").onclick=reset;
31. document.getElementById("start").onclick=run;
32. </script>
```

拓展任务 2　倒计时

【任务描述】

输入分钟数，实现倒计时功能，如图 4-33 所示。

(1)单击“准备”按钮，提取输入的分钟数，显示剩余时间。

(2)单击“开始倒数”按钮，执行倒计时功能。

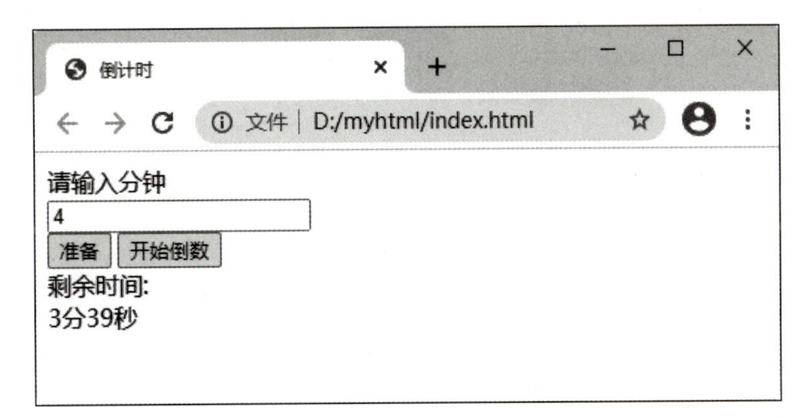

图 4-33

【参考代码】

```
1. <!doctype html>
2. <html lang="en">
3. <head>
4.    <meta charset="UTF-8">
5.    <title>倒计时</title>
6. </head>
7. <body>
8.     <div>请输入分钟</div>
9.     <input id="m" type="text" value=2><br>
10.    <button id="reset">准备</button>
11.    <button id="start">开始倒数</button>
12.    <div>剩余时间:</div>
13.    <span id="num">0</span>
14. </body>
15. </html>
16. <script>
17.   var s,m;
18.   var t;
19.   function reset(){
20.     m =document.getElementById("m").value;
21.     m--;
22.     s=60;
23.     document.getElementById("num").innerHTML=m+"分"+s+"秒";
24.   }
25.   reset();
26.   function run(){
27.   if(s>0){
28.     s = s-1;
29.   }else if(m>0){
30.     m--;
31.     s=60;
32.   }else{
33.     clearTimeout(t);
34.   }
35.   document.getElementById("num").innerHTML=m+"分"+s+"秒";
36.   t=setTimeout("run()",1000);
37.   }
38.   document.getElementById("reset").onclick=reset;
39.   document.getElementById("start").onclick=run;
40. </script>
```

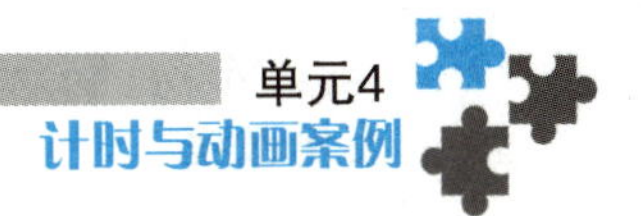

拓展任务3　日历电子钟

【任务描述】

实现一个带日期、星期信息的日历电子钟，如图 4-34 所示。

(1)设计一个圆形电子钟。

(2)获取系统时间，在电子钟内实时显示时分秒，并显示日期与星期数。

图 4-34

【参考代码】

```
1. <!DOCTYPE html>
2. <html lang="en">
3. <head>
4.   <meta charset="UTF-8">
5.   <title>日历电子钟</title>
6. </head>
7. <style>
8.   #box{
9.    width:200px;height:200px;text-align:center;
10.   border-radius:100% ;box-shadow:0 0 10px #f00;
11.   padding: 25px; box-sizing:border-box;
12.   margin:30px auto;
13. }
14. #box div:nth-child(1){
15.   margin-top:50px;
16.   color:white;
17.   width:150px;
18.   background-color: #666;
```

```
19.   }
20. </style>
21.  <body>
22.  <div id="box">
23.   <div id="divtime"></div>
24.   <div id="divdate"></div>
25.   <div id="divweek"></div>
26.  </div>
27.  </body>
28. </html>
29. <script>
30.  var weeks = new Array("星期日", "星期一","星期二", "星期三", "星期四", "星期五", "星
期六");
31.  var vtimer=document.getElementById('divtime');
32.  var vdate=document.getElementById('divdate');
33.  var vweek=document.getElementById('divweek');
34.  function showtime(){
35.  var date=new Date();
36.  var strdate=date.getFullYear() +'年'+(date.getMonth()+1) +'月'+date.getDate()+'
日';
37.  var hour=date.getHours();
38.  if(hour<10){
39.       hour='0'+hour;
40. }
41.  var minute=date.getMinutes();
42.  if(minute<10){
43.       minute='0'+minute;
44. }
45.  var second=date.getSeconds();
46.      if(second<10){
47.      second='0'+second;
48.  }
49.      var time=hour+'时'+minute+'分'+second+'秒';
50.      vtimer.innerHTML=time;
51.      vdate.innerHTML=strdate;
52.      vweek.innerHTML=weeks[date.getDay()];
53.      setTimeout(showtime,1000);
54.  }
55. showtime();
56. </script>
```

拓展任务 4　图文轮播

【任务描述】

实现图文轮播的功能，如图 4－35 所示。

(1)编程实现图文轮播功能。

(2)轮播图片的同时，图片的描述文本也进行轮播。

图 4-35

【参考代码】

```
1. <!DOCTYPE html>
2. <html lang="en">
3. <head>
4.   <meta charset="UTF-8">
5.   <title>图文轮播</title>
6.   <style>
7.   #box img{
8.      width:200px;
9.      height:150px;
10.     display: inline-block;
11.   }
12.   .noshow{
13.     display: none;
14.   }
15.   .item{
16.     width:300px;
17.     text-align:center;
18.     padding:20px;
19.     color:white;
20.   }
21.   .item:nth-child(1){
22.     background-color: red;
23.   }
24.   .item:nth-child(2){
```

```
25.     background-color: green;
26.   }
27.   .item:nth-child(3){
28.     background-color: blue;
29.   }
30.   </style>
31. <script>
32.   window.onload=function(){
33.       var t=0;
34.       var run=null;
35.       var vbox=document.getElementById('box');
36.       var vitem=vbox.getElementsByClassName('item');
37.       function showpic(){
38.         for(var i=0;i<vitem.length;i++){
39.           vitem[i].className ='item noshow';
40.         }
41.           t++;
42.           if(t==vitem.length){
43.             t=0;
44.         }
45.           vitem[t].className ='item show';
46.        }
47.        run=setInterval(showpic,400);
48.   }
49. </script>
50. </head>
51. <body>
52.   <div id="box">
53.     <div class="item show">
54.       <img src="images/p1.jpg">
55.       树枝满是雪
56.     </div>
57.     <div class="item noshow">
58.       <img src="images/p2.jpg">
59.       雪后的树丛
60.     </div>
61.     <div class="item noshow">
62.       <img src="images/p3.jpg">
63.       雪后的城市
64.     </div>
65.   </div>
66. </body>
67. </html>
```

PROJECT 5 单元 5

常见实用案例

学习目标

本单元将介绍元素增加与删除的实现技巧，元素遍历与数字统计，还有正则表达式、rgb()函数等编程应用；讲解选择题答题特效、填字学成语、聊天表情、循环滚动广告特效的实现过程。

【知识导引】

1. 布尔值应用

例：<input type="radio" name="ch" checked value="男">标签的 checked 属性值为 true 是选中，值为 false 是未选中。

```
var vch=document.getElementsByName("ch");//通过 name 值获取标签
```

当 vch[i].checked 是布尔型时，以下两句的写法都能正确执行。

写法 1(不推荐)：

```
if (vch[i].checked== true ){ }
```

写法 2(推荐)：

```
if (vch[i].checked ){ }
```

2. trim( )

trim( ) 方法用于删除字符串的头尾空白符，空白符包括：空格、制表符 tab、换行符及其他空白符等。

trim( ) 方法不会改变原始字符串。

trim( ) 方法不适用于 null、undefined、number 类型。

例：

```
if(vtxt.value.trim()==""){//如果 vtxt.value 字符串头尾包括空白符
        var conf=confirm("内容不能为空!");
        return false;
   }
```

3. 自定义属性的应用

在开发中，有时需要在标签上添加一些自定义属性用来存储数据或状态。

设置了自定义属性的标签，可以方便地在 for 循环中的把需要的变量存储在相关标签上。

例：

```
for(var i=0;i<vk.length;i++){//遍历所有的 vk 标签
  vk[i].setAttribute('index',i); //设置自定义属性 index,存储变量
   vk[i].onclick=function(){
     var index=this.getAttribute('index'); //获取之前存储的变量
}
}
```

案例 1 单道按钮应用

技能知识

(1)检验单选按钮被选中时，获取选中的值。

例：

```
if(vlo[i].checked){ valuelo=vlo[i].value;}
```

(2)用 alert()弹出提示信息对话框。

例：

```
alert("结果是：一个喜欢"+valuelo+"的"+valuech+"孩");
```

(3)声明多个变量。

例：

```
var valuech, valuelo;
```

【任务描述】

用单选按钮实现兴趣调查的功能，如图 5-1 所示。

(1)提供性别选择的单选按钮。

(2)提供爱好选择的单选按钮。

(3)实现查看结果的提示信息。

图 5-1

代码解读

```
<script>
    var vch=document.getElementsByName("ch");//通过 name 值获取标签
    var vlo=document.getElementsByName("love");
    var valuech,valuelo;//声明变量
    function ok(){
      valuech="";//清空变量 valuech 的值
      valuelo="";
      for(var i=0;i<vch.length;i++){//遍历所有 vch 元素
          if (vch[i].checked== true ){//如果当前元素被选中
              valuech=vch[i].value;//当前元素的 value 赋值给 valuech
          }
      }
      for(var i=0;i<vlo.length;i++){//遍历所有 vlo 元素
        if(vlo[i].checked){//如果当前元素被选中
          valuelo=vlo[i].value; //当前元素的 value 赋值给 valuelo
          }
      }
      alert("结果是:一个喜欢"+valuelo+"的"+valuech+"孩");
      //变量与中文拼成字符串,组成弹出的提示信息
    }
  </script>
```

【操作步骤】

操作视频

(1)创建两个 radio 标签，设置 name 为 ch，供选择性别；创建多个 radio 标签，设置 name 为 love，供选择兴趣；创建一个 button 标签，绑定 onclick 事件执行 ok( )，如图 5-2 所示。

(2)JS 代码实现 ok( ) 函数，实现获取单选按钮值，再提示选择结果，如图 5-3 所示。

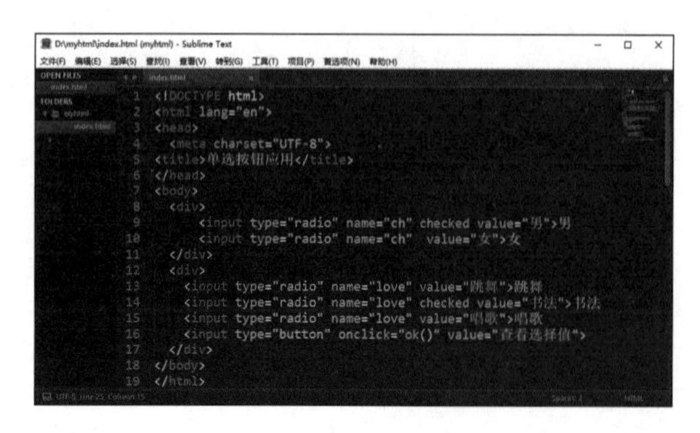

图 5-2

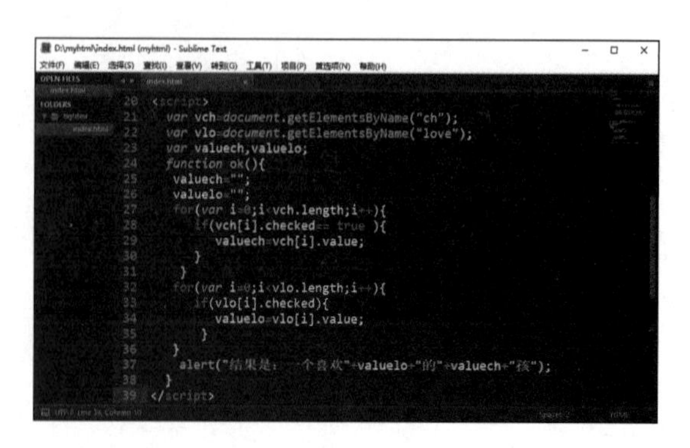

图 5-3

【参考代码】

```
1. <!DOCTYPE html>
2. <html lang="en">
3. <head>
4.   <meta charset="UTF-8">
5. <title>单选按钮应用</title>
6. </head>
7. <body>
8.   <div>
9.       <input type="radio" name="ch" checked value="男">男
10.      <input type="radio" name="ch"  value="女">女
11.   </div>
12.   <div>
13.      <input type="radio" name="love" value="跳舞">跳舞
14.      <input type="radio" name="love" checked value="书法">书法
15.      <input type="radio" name="love" value="唱歌">唱歌
16.      <input type="button" onclick="ok()" value="查看选择值">
17.   </div>
18. </body>
19. </html>
20. <script>
21.   var vch=document.getElementsByName("ch");
22.   var vlo=document.getElementsByName("love");
23.   var valuech,valuelo;
24.   function ok(){
25.      valuech="";
26.      valuelo="";
27.      for(var i=0;i<vch.length;i++){
28.        if(vch[i].checked== true ){
29.           valuech=vch[i].value;
30.        }
31.      }
32.      for(var i=0;i<vlo.length;i++){
33.        if(vlo[i].checked){
34.           valuelo=vlo[i].value;
35.        }
36.      }
37.      alert("结果是:一个喜欢"+valuelo+"的"+valuech+"孩");
38.   }
39. </script>
```

案例 2 节点的添加与删除

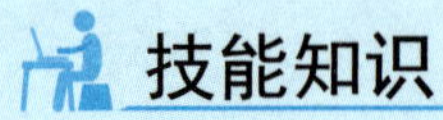

技能知识

(1)判断与提示输入内容不能为空。

例:

```
if(vtxt.value.trim()==""){//如果 vtxt.value 去除空格后是空的
    var conf=confirm("内容不能为空!"); //弹出提示框
    return false; //终止继续执行代码
}
```

(2)新建标签并追加到指定标签中。

例:

```
var newli = document.createElement("li"); //新创建一个 li 标签
newli.innerHTML=vtxt.value; //设置新建标签 newli 的内容
vul.appendChild(newli); //把新建标签 newli 追加到 vul 标签内
```

(3)用户确认后删除当前元素。

例:

```
var conf=confirm("确定要删除?"); //弹出提示框
if(conf){//如果用户选择"确定"
    this.parentNode.removeChild(this); //删除当前元素
}
```

【任务描述】

实现节点的添加与删除的功能，如图 5-4、图 5-5 所示。

(1)单击“添加”按钮，把输入文本添加成为节点元素。

(2)单击某个节点项，弹出提示信息“确定要删除吗?”，选择“确定”按钮删除被单击元素项，否则返回。

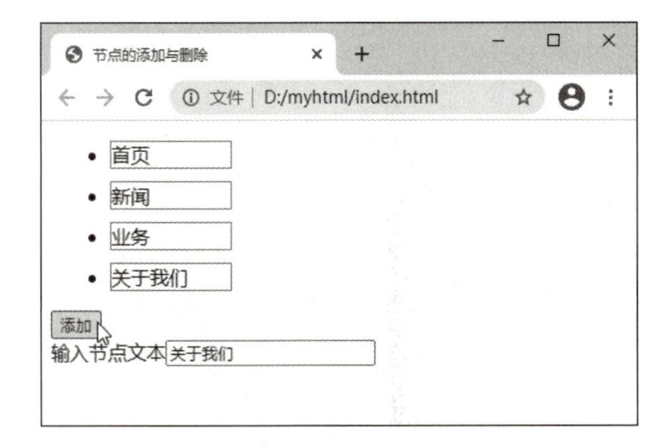

图 5-4

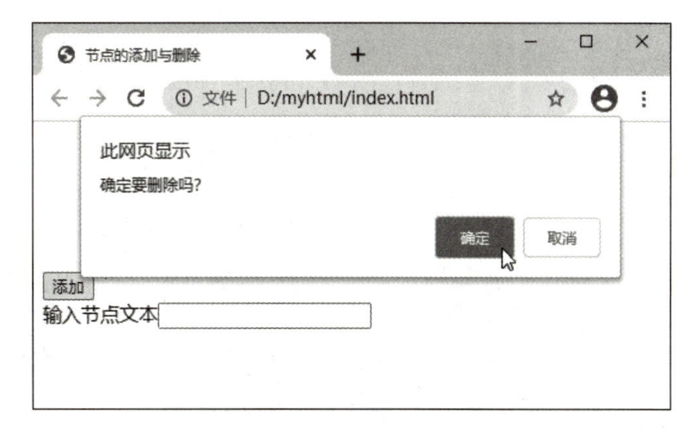

图 5-5

代码解读

```
function add(){
   var vtxt=document.getElementById("txt");//获取标签 txt
   console.log(vtxt.value);//在 Console 窗口输出 vtxt.value
   if(vtxt.value.trim()==""){//如果 vtxt.value 去除空格后是空的
     var conf=confirm("内容不能为空!");//弹出提示框
     return false;//终止继续执行代码
   }
   var vul=document.getElementById("myul");//获取 myul 标签
   var newli = document.createElement("li");//新创建一个 li 标签
   newli.innerHTML=vtxt.value;//设置新建标签 newli 的内容
   vul.appendChild(newli);//把新建标签 newli 追加到 vul 标签内
}
var vli=document.getElementById("myul").getElementsByTagName("li");
//获取 myul 标签,再获取 myul 标签内的所有 li 标签
for(var i=0;i<vli.length;i++){//遍历所有 vli 元素
   vli[i].onclick=function(){//当前元素被单击时执行函数
     var conf=confirm("确定要删除?");//弹出提示框
     if(conf){//如果用户选择"确定"
        this.parentNode.removeChild(this);
        //删除父节点的当前子结点,即实现删除当前元素的效果
     }
   }
}
```

【操作步骤】

操作视频

(1)创建<ul>和<li>标签，设置<li>的样式，正常显示节点内容；创建一个<input>标签供输入 txt 文本；创建一个 button 标签，绑定 onclick 事件执行 add()，如图 5-6

所示。

(2)JS 代码 30 行至 41 行执行 add()函数实现获取 txt 输入的文本，若有输入，创建<li>标签，设置文本，追加到<ul>标签中；JS 代码 42 行至 50 行实现单击<li>标签，确认后删除当前元素的功能，如图 5-7 所示。

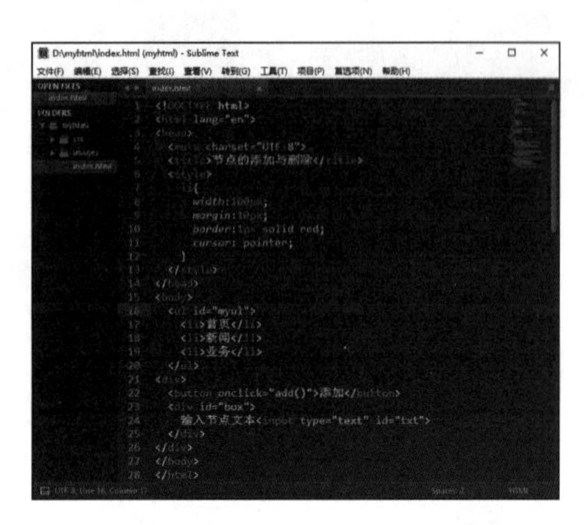

图 5-6

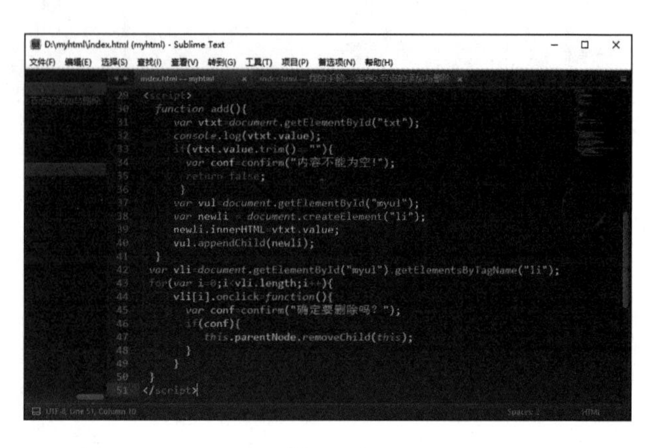

图 5-7

【参考代码】

```
1. <!DOCTYPE html>
2. <html lang="en">
3. <head>
4.   <meta charset="UTF-8">
5.   <title>节点的添加与删除</title>
6.   <style>
7.     li{
8.       width:100px;
9.       margin:10px;
10.      border:1px solid red;
11.      cursor: pointer;
12.    }
13.  </style>
14. </head>
15. <body>
16.  <ul id="myul">
17.    <li>首页</li>
18.    <li>新闻</li>
19.    <li>业务</li>
20.  </ul>
21. <div>
22.  <button onclick="add()">添加</button>
23.  <div id="box">
24.    输入节点文本<input type="text" id="txt">
```

```
25.   </div>
26. </div>
27. </body>
28. </html>
29. <script>
30.   function add(){
31.     var vtxt=document.getElementById("txt");
32.     console.log(vtxt.value);
33.     if(vtxt.value.trim()==""){
34.       var conf=confirm("内容不能为空!");
35.       return false;
36.     }
37.     var vul=document.getElementById("myul");
38.     var newli = document.createElement("li");
39.     newli.innerHTML=vtxt.value;
40.     vul.appendChild(newli);
41.   }
42.   var vli=document.getElementById("myul").getElementsByTagName("li");
43.   for(var i=0;i<vli.length;i++){
44.      vli[i].onclick=function(){
45.       var conf=confirm("确定要删除?");
46.       if(conf){
47.         this.parentNode.removeChild(this);
48.        }
49.      }
50. }
51. </script>
```

案例3 购物小票

技能知识

(1)输入框内容发生变化时执行函数。

例:

```
arg[i].onchange=function(){
```

```
    vbrow[t].innerHTML=(this.value* pri[t].innerHTML).toFixed(2);
    vtcount.innerHTML="总结:? 元";
  };
```

(2)统计功能。

例:

```
var ta=0;
for(var i=0; i<vbrow.length; i++){
   ta+=parseFloat(vbrow[i].innerHTML); //转为数字后累加到 ta
  }
 vtcount.innerHTML="总计:"+ta.toFixed(2)+"元";
```

【任务描述】

实现购物小票的计算功能，如图 5-8 所示。

(1)修改商品数量时，能计算商品小计金额，小计金额=价格×数量。

(2)单击“结算”按钮，正确计算总计金额。

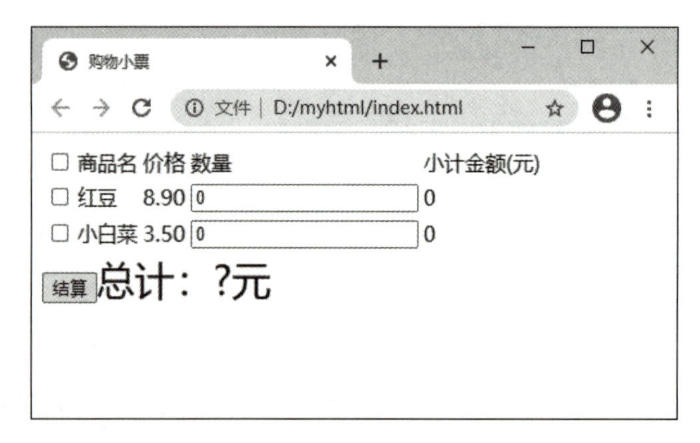

图 5-8

代码解读

```
var arg=document.getElementsByClassName('count');
//获取所有 class 名为 count 的标签
var pri=document.getElementsByClassName('price');
//获取所有 class 名为 price 的标签
var vbrow=document.getElementsByClassName('billrow');
//获取所有 class 名为 billrow 的标签
var vtcount=document.getElementById('tcount')
//获取所有 id 名为 tcount 的标签
```

```
for(var i=0;i<arg.length;i++){
    arg[i].onchange=function(){//当前元素输入内容发生变化时执行函数
      var t=this.getAttribute("num")//获取当前元素的自定义参数 num 的值
      vbrow[t].innerHTML=(this.value* pri[t].innerHTML).toFixed(2);
      //this.value 与 pri[t].innerHTML 相乘的积保留两位小数后显示在 vbrow[t]中
      vtcount.innerHTML="总结:? 元";
    };
}
var vru=document.getElementById('run');
vru.onclick=function(){
var ta=0;
for(var i=0;i<vbrow.length;i++){
   ta+=parseFloat(vbrow[i].innerHTML);//把 vbrow[i]转为数字后累加到 ta
}
vtcount.innerHTML="总计:"+ta.toFixed(2)+"元";
//ta 保留两位小数与中文串接为字符串再输出
}
```

【操作步骤】

操作视频

(1)创建一个显示购物小票信息的表格，如图 5-9 所示。

(2)JS 代码第 40 行的 onchange 事件实现数量输入发生变化时，重新计算被修改商品的总计金额；代码第 47 行的，onclick 事件实现计算全部商品总金额的功能，如图 5-10 所示。

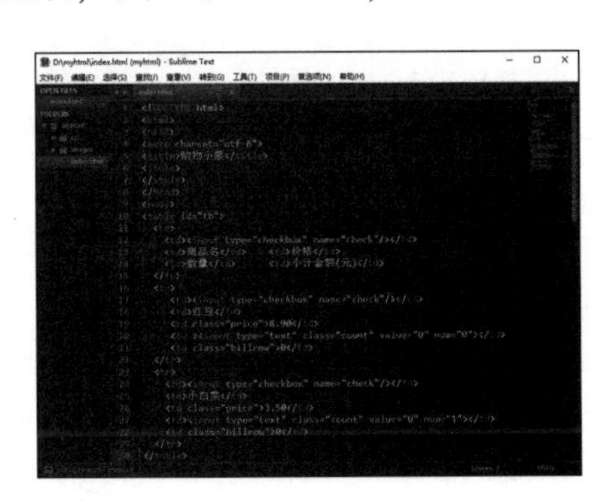

图 5-9

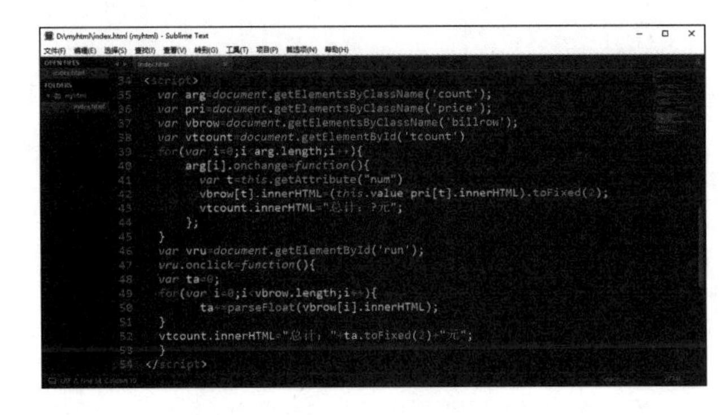

图 5-10

【参考代码】

```
1.<!DOCTYPE html>
2.<html>
3.<head>
4.<meta charset="utf-8">
5.<title>购物小票</title>
```

```
6. <style>
7. </style>
8. </head>
9. <body>
10. <table id="tb">
11.   <tr>
12.    <td><input type="checkbox" name="check"/></td>
13.    <td>商品名</td>     <td>价格</td>
14.    <td>数量</td>     <td>小计金额(元)</td>
15.   </tr>
16.   <tr>
17.    <td><input type="checkbox" name="check"/></td>
18.    <td>红豆</td>
19.    <td class="price">8.90</td>
20.    <td ><input type="text" class="count" value="0" num="0"></td>
21.    <td class="billrow">0</td>
22.   </tr>
23.   <tr>
24.    <td><input type="checkbox" name="check"/></td>
25.    <td>小白菜</td>
26.    <td class="price">3.50</td>
27.    <td><input type="text" class="count" value="0" num="1"></td>
28.    <td class="billrow">0</td>
29.   </tr>
30. </table>
31. <button id="run">结算</button><span style="font-size:30px;" id="tcount">总计:?
   元</span>
32. </body>
33. </html>
34. <script>
35.   var arg=document.getElementsByClassName('count');
36.   var pri=document.getElementsByClassName('price');
37.   var vbrow=document.getElementsByClassName('billrow');
38.   var vtcount=document.getElementById('tcount')
39.   for(var i=0;i<arg.length;i++){
40.     arg[i].onchange=function(){
41.       var t=this.getAttribute("num")
42.       vbrow[t].innerHTML=(this.value* pri[t].innerHTML).toFixed(2);
43.       vtcount.innerHTML="总计:? 元";
44.     };
45.   }
```

```
46.  var vru=document.getElementById('run');
47.  vru.onclick=function(){
48.  var ta=0;
49.  for(var i=0;i<vbrow.length;i++){
50.         ta+=parseFloat(vbrow[i].innerHTML);
51.  }
52.  vtcount.innerHTML="总计:"+ta.toFixed(2)+"元";
53.  }
54.</script>
```

案例 4 表格行的增删

技能知识

(1)检验和提示多个输入变量不能为空。

例:

```
if(vname ==''||vcount=='){//如果 vname 为空或 vcount 为空
  confirm('请输入商品名和数量')//弹出对话框，提示输入完整内容
}
```

(2)删除表格当前行。

例:

```
if(check[i].checked==true){//如果当前单选标签被选中
  tr[i+1].parentNode.parentNode.removeChild(tr[i+1].parentNode);
  //删除当前行
}
```

【任务描述】

实现表格行增删的功能，如图 5-11 所示。

(1)输入商品名和数量，单击“新增”按钮，增加新行内容。

(2)选择每行的复选框，再单击“删除”按钮，删除所有被选中的行，并且提示删除的总行数。

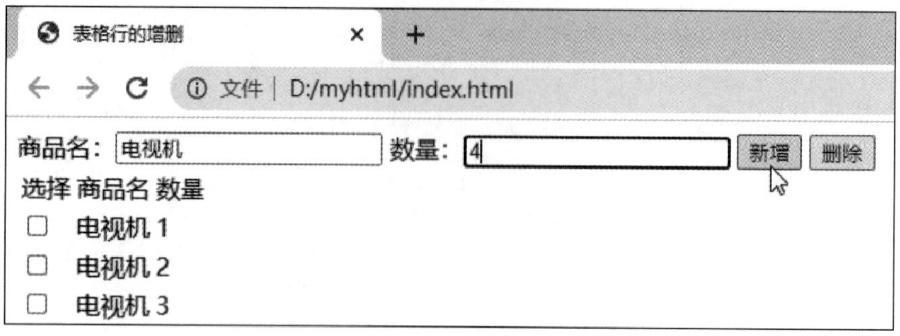

表格行的增删
文件 | D:/myhtml/index.html
商品名：电视机 数量：4 新增 删除
选择 商品名 数量
电视机 1
电视机 2
电视机 3

图 5-11

代码解读

```
<script type="text/javascript">//相当于<script>
  add.onclick=function(){
    var inn = tb.innerHTML;//获取 tb 的内容赋值给变量 inn
    var vname = goodname.value;//获取 goodname 的 value 值并赋值给 vname
    var vcount= count.value;//获取 count 的 value 值并赋值给 vcount
     if(vname ==''||vcount==''){//如果 vname 为空或 vcount 为空
        confirm('请输入商品名和数量')//弹出对话框,提示输入完整内容
     }else {
        inn+='<tr><td><input type="checkbox" name="check"/></td>';
//把"创建行和单元格,单元格中包括一个复选框"的命令代码累加到 inn 变量
        inn+='<td>'+vname+'</td>'
//把"创建单元格,格中显示 vname 的值"的代码累加到 inn 变量
        inn+='<td>'+vcount+'</td></tr>';
//把"创建单元格,格中显示 vcount 的值"的代码累加到 inn 变量
        tb.innerHTML=inn;//变量 inn 实现的功能显示在 tb 标签中
        count.value=''; //清空 count 的内容
     }
  }
  del.onclick=function(){
   var check = document.getElementsByName('check');
//获取所有复选标签 check
   var tr;
   var s=0;
     for (var i=0;i<check.length;i++){
       tr = document.getElementsByTagName('tr')//获取所有行标签 tr
        if(check[i].checked==true){//如果当前复选标签被选中
        s++;
        tr[i+1].parentNode.parentNode.removeChild(tr[i+1].parentNode);
```

```
        //i+1 行的父节点和父节点删除 i+1 行的父节点,即实现删除选中行的功能
        i--;//i 减少
        }
     }
   alert("删除"+s+"行记录")
  }
</script>
```

【操作步骤】

操作视频

（1）创建商品名、数量输入的标签；创建 add、del 两个按钮；创建显示商品信息的表格，如图 5-12 所示。

（2）JS 代码实现 add 按钮单击时，完成商品信息提取，并在表格中新增一行商品信息的功能，如图 5-13 所示。

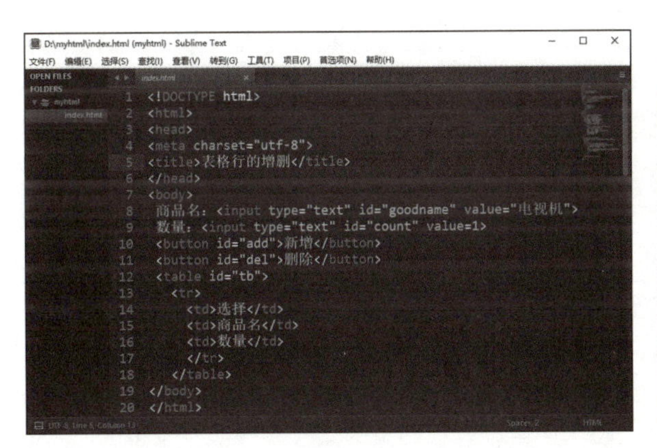

图 5-12

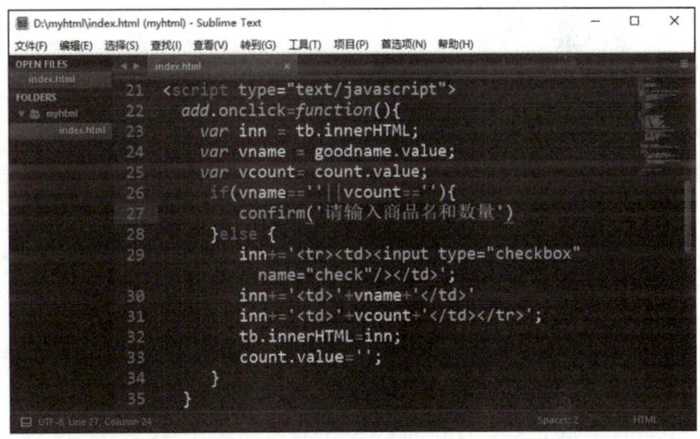

图 5-13

（3）JS 代码实现 del 按钮单击时，完成被选中的商品行的删除功能，如图 5-14 所示。

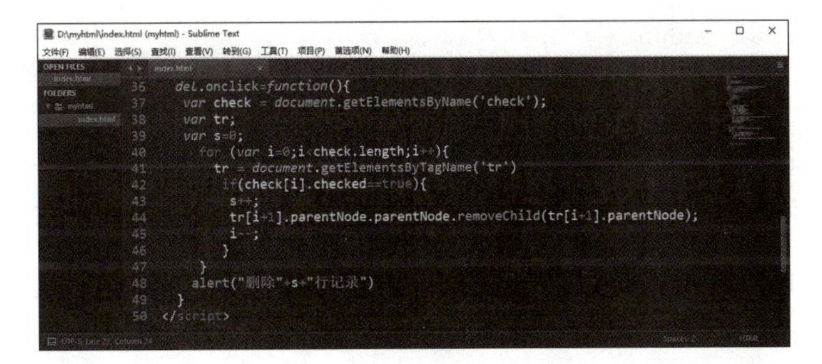

图 5-14

【参考代码】

```
1. <!DOCTYPE html>
2. <html>
3. <head>
```

```
4. <meta charset="utf-8">
5. <title>表格行的增删</title>
6. </head>
7. <body>
8. 商品名:<input type="text" id="goodname" value="电视机">
9. 数量:<input type="text" id="count" value=1>
10. <button id="add">新增</button>
11. <button id="del">删除</button>
12. <table id="tb">
13.   <tr>
14.     <td>选择</td>
15.     <td>商品名</td>
16.     <td>数量</td>
17.   </tr>
18.   </table>
19. </body>
20. </html>
21. <script type="text/javascript">
22.   add.onclick=function(){
23.     var inn = tb.innerHTML;
24.     var vname = goodname.value;
25.     var vcount= count.value;
26.     if(vname==''||vcount==''){
27.       confirm('请输入商品名和数量')
28.     }else {
29.       inn+='<tr><td><input type="checkbox" name="check"/></td>';
30.       inn+='<td>'+vname+'</td>'
31.       inn+='<td>'+vcount+'</td></tr>';
32.       tb.innerHTML=inn;
33.       count.value='';
34.     }
35.   }
36.   del.onclick=function(){
37.     var check = document.getElementsByName('check');
38.     var tr;
39.     var s=0;
40.       for (var i=0;i<check.length;i++){
41.         tr =document.getElementsByTagName('tr')
42.           if(check[i].checked==true){
43.             s++;
```

```
44.            tr[i+1].parentNode.parentNode.removeChild(tr[i+1].parentNode);
45.            i--;
46.        }
47.      }
48.    alert("删除"+s+"行记录")
49.  }
50. </script>
```

案例 5 正则表达式应用

技能知识

(1) exec()方法的理解。

exec()方法用于检索字符串中的正则表达式的匹配。

如果字符串中有匹配的值返回该匹配值，否则返回 null。

(2) exec()方法的匹配应用。

例：

```
var uphone=/[0-9]* /; //只允许输入 0~9 数字，长度不受限制
var userphone =document.getElementById('phone').value;
var up=uphone.exec(userphone);
//按 uphone 的要求检查 userphone 的匹配情况
```

【任务描述】

用正则表达式实现输入数据的检验的功能，如图 5-15 所示。

(1)提供输入用户名和电话号码的功能。

(2)要求用户名可允许大、小写字母和数字的输入。

(3)要求手机号只允许数字的输入。

(4)输入后，实现检验是否符合要求的功能，正确提示检验的结果。

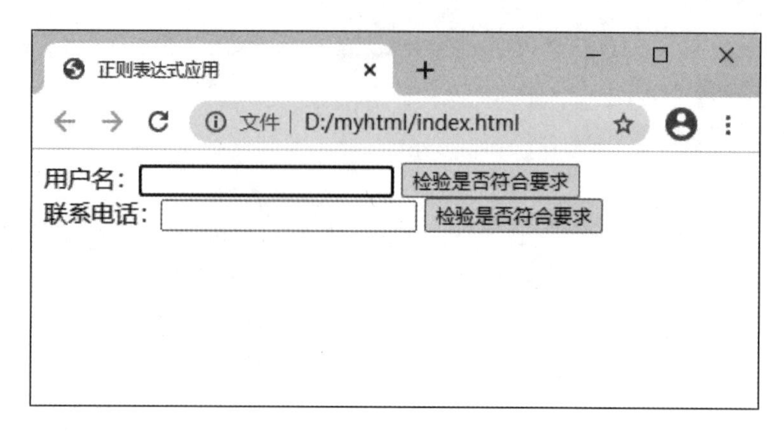

图 5-15

代码解读

```
function checkname(){
    var uname=/[a-zA-Z0-9]* /;/* 允许输入小字 a-z、大写 A-Z、0~9 数字的正则表达式匹配要求，
* 表示输入长度不受限制* /
    var username =document.getElementById('name').value;
    //获得 name 的输入内容
    var un=uname.exec(username);//按 uname 的要求检查 username 的匹配情况
    if(un!=""){//如果 un 不等于空值,则 username 内容符合表达式要求
      alert('用户名符合要求!');
    }else{//un 为空值,则 username 内容不符合表达式要求
      alert('用户名只能由大小写字母和数字组成');
    }
  }
function checkphone(){
    var uphone=/[0-9]* /;//只允许输入 0~9 数字,长度不受限制
    var userphone =document.getElementById('phone').value;
    //获得 phone 的输入内容
    var up=uphone.exec(userphone);
    //按 uphone 的要求检查 userphone 的匹配情况
    if(up!=""){ //如果 up 不等于空值,则 userphone 内容符合表达式要求
      alert('电话号码符合要求!');
    }else{//否则 up 为空值,即 userphone 内容不符合表达式要求
      alert('电话号码只能由数字组成');
    }
  }
```

【操作步骤】

操作视频

（1）创建用户名、联系电话的输入标签；创建按钮，绑定 onclick 事件执行 checkname( )函数；创建按钮，绑定 onclick 事件执行 checkphone( )函数，如图 5-16

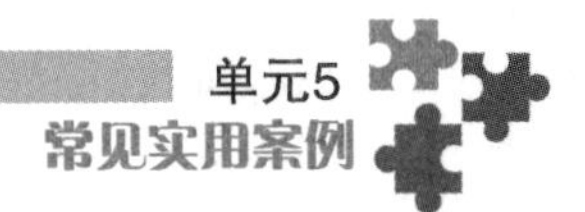

所示。

(2)JS 代码创建 checkname( )函数实现用正则表达式检查用户名；创建 checkphone( )函数实现用正则表达式检查联系电话的功能，如图 5-17 所示。

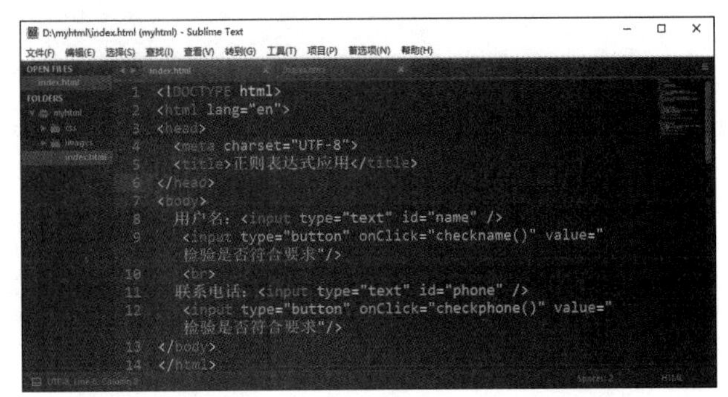

图 5-16

图 5-17

【参考代码】

```
1. <!DOCTYPE html>
2. <html lang="en">
3. <head>
4.   <meta charset="UTF-8">
5.   <title>正则表达式应用</title>
6. </head>
7. <body>
8.   用户名:<input type="text" id="name" />
9.    <input type="button" onClick="checkname()" value="检验是否符合要求"/>
10.    <br>
11.   联系电话:<input type="text" id="phone" />
12.    <input type="button" onClick="checkphone()" value="检验是否符合要求"/>
13. </body>
14. </html>
15. <script>
16. function checkname(){
17. var uname=/[a-zA-Z0-9]* /;
18. var username =document.getElementById('name').value;
19. var un=uname.exec(username);
20. if(un!=""){
21.      alert('用户名符合要求!');
22.    }else{
23.      alert('用户名只能由大小写字母和数字组成');
24.    }
25.  }
26. function checkphone(){
27.   var uphone=/[0-9]* /;
```

```
28.   var userphone =document.getElementById('phone').value;
29.   var up=uphone.exec(userphone);
30.   if(up!=""){
31.      alert('电话号码符合要求!');
32.    }else{
33.      alert('电话号码只能由数字组成');
34.    }
35.   }
36.</script>
```

案例 6 调色板

技能知识

(1)rgb()函数返回表示 RGB 颜色值的数字的理解。

rgb(red, green, blue)

red 必须为属于[0, 255]区间的数字，代表颜色的红色部分。

green 必须为属于[0, 255]区间的数字，代表颜色的绿色部分。

blue 必须为属于[0, 255]区间的数字，代表颜色的蓝色部分。

(2) rgb()函数应用。

例:

```
red.style.backgroundColor="rgb(255, 0, 0)"; //设置背景色为红色
box.style.backgroundColor="rgb("+r+","+g+","+b+")";
//设置背景色，颜色值根据 red、green、blue 的具体值生成
```

【任务描述】

设计一个展示调色功能的应用案例，如图 5-18 所示。

(1)实现红、绿、蓝 3 种颜色数值调整的功能。

(2)用红、绿、蓝 3 种颜色的最新数值设置展示区的背景色。

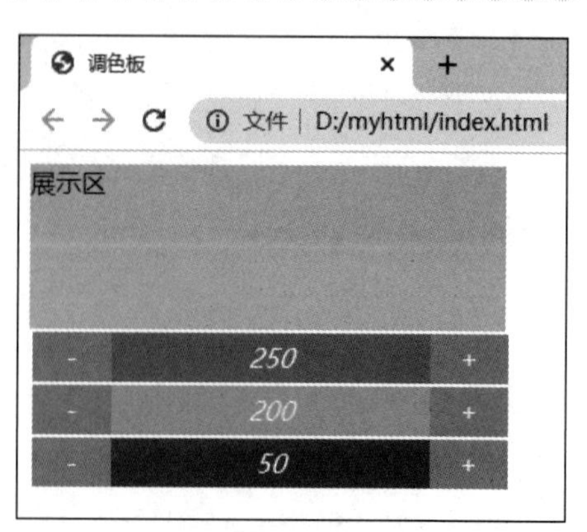

图 5-18

代码解读

```
var r=0,g=0,b=0;
red.style.backgroundColor="rgb(255,0,0)";//设置 red 的背景色为红色
green.style.backgroundColor="rgb(0,255,0)";//设置 green 的背景色为绿色
blue.style.backgroundColor="rgb(0,0,255)";//设置 blue 的背景色为蓝色
box.style.backgroundColor="rgb(0,0,0)";//设置 box 的背景色为黑色
function minusR() {
  if(r>=50)r=r-50;//如果 r 大于或等于 50,r 减少 50
  dataR.innerHTML=r;//r 的值显示在 dataR 元素中
  box.style.backgroundColor="rgb("+r+","+g+","+b+")";
//设置 box 的背景色,颜色值由函数 rgb(r,g,b)根据 r、g、b 的具体值生成
}
function plusR() {
   if(r<=200) r=r+50;//如果 r 小于等于 200,r 增加 50
   dataR.innerHTML=r;
   box.style.backgroundColor="rgb("+r+","+g+","+b+")";
}
```

【操作步骤】

操作视频

(1)设置#box、.ctrl、span 等样式，如图 5-19 所示。

(2)创建一个 box 标签、一个 red 标签、一个 green 标签、一个 blue 标签；创建多个<span>标签，依次绑定 onclick 事件执行 minusR( )、plusR( )、minusG( )、plusG( )、minusB( )、plusB( )等函数；创建 dataR、dataG、dataB 等<i>标签，如图 5-20 所示。

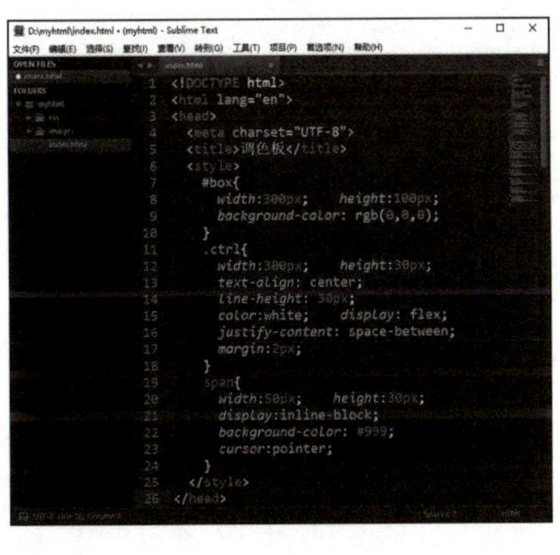

图 5-19

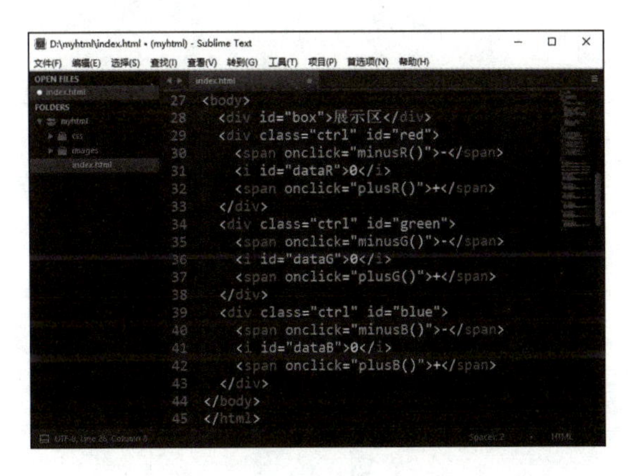

图 5-20

(3)JS 代码第 48 行至第 50 行，设置标签不同颜色；创建 minusR( )函数，实现减少 r 值设置 box 的背景色的功能；创建 plusR( )函数，实现增加 r 值设置 box 的背景色的功能，如图 5-21 所示。

(4)创建函数 minusG( )、plusG( )、minusB( )、plusB( )等函数，实现设置 box 的不同背

景色的功能，如图 5-22 所示。

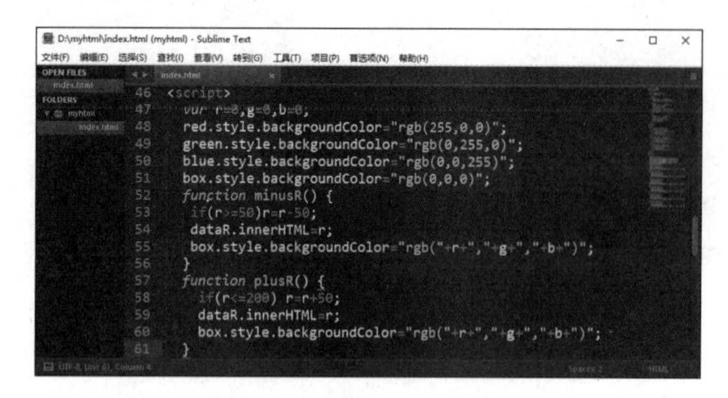

图 5-21

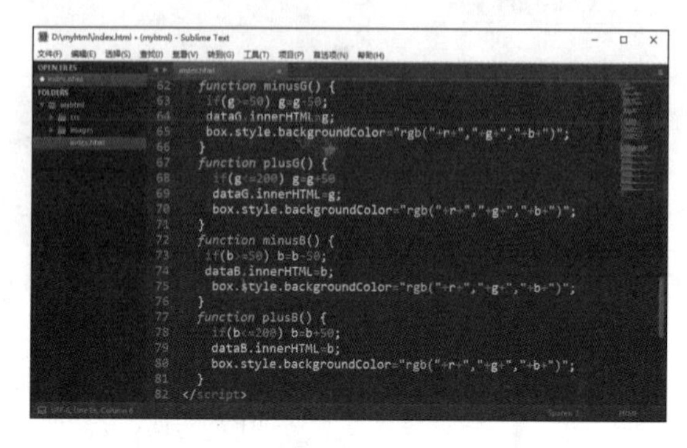

图 5-22

【参考代码】

```
1. <!DOCTYPE html>
2. <html lang="en">
3. <head>
4.   <meta charset="UTF-8">
5.   <title>调色板</title>
6.   <style>
7.     #box{
8.       width:300px;    height:100px;
9.       background-color: rgb(0,0,0);
10.    }
11.    .ctrl{
12.      width:300px;    height:30px;
13.      text-align: center;
14.      line-height: 30px;
15.      color:white;    display: flex;
16.      justify-content: space-between;
17.      margin:2px;
18.    }
19.    span{
20.      width:50px;    height:30px;
21.      display:inline-block;
22.      background-color: #999;
23.      cursor:pointer;
24.    }
25.  </style>
26. </head>
27. <body>
28.   <div id="box">展示区</div>
```

```
29.  <div class="ctrl" id="red">
30.    <span onclick="minusR()">-</span>
31.    <i id="dataR">0</i>
32.    <span onclick="plusR()">+</span>
33.  </div>
34.  <div class="ctrl" id="green">
35.    <span onclick="minusG()">-</span>
36.    <i id="dataG">0</i>
37.    <span onclick="plusG()">+</span>
38.  </div>
39.  <div class="ctrl" id="blue">
40.    <span onclick="minusB()">-</span>
41.    <i id="dataB">0</i>
42.    <span onclick="plusB()">+</span>
43.  </div>
44. </body>
45. </html>
46. <script>
47.  var r=0,g=0,b=0;
48.  red.style.backgroundColor="rgb(255,0,0)";
49.  green.style.backgroundColor="rgb(0,255,0)";
50.  blue.style.backgroundColor="rgb(0,0,255)";
51.  box.style.backgroundColor="rgb(0,0,0)";
52.  function minusR(){
53.    if(r>=50)r=r-50;
54.    dataR.innerHTML=r;
55.    box.style.backgroundColor="rgb("+r+","+g+","+b+")";
56.  }
57.  function plusR(){
58.    if(r<=200) r=r+50;
59.    dataR.innerHTML=r;
60.    box.style.backgroundColor="rgb("+r+","+g+","+b+")";
61.  }
62.  function minusG(){
63.    if(g>=50) g=g-50;
64.    dataG.innerHTML=g;
65.    box.style.backgroundColor="rgb("+r+","+g+","+b+")";
66.  }
67.  function plusG(){
68.    if(g<=200) g=g+50
69.    dataG.innerHTML=g;
```

```
70.     box.style.backgroundColor="rgb("+r+","+g+","+b+")";
71.   }
72.   function minusB(){
73.     if(b>=50) b=b-50;
74.     dataB.innerHTML=b;
75.     box.style.backgroundColor="rgb("+r+","+g+","+b+")";
76.   }
77.   function plusB(){
78.     if(b<=200) b=b+50;
79.     dataB.innerHTML=b;
80.     box.style.backgroundColor="rgb("+r+","+g+","+b+")";
81.   }
82. </script>
```

案例 7 选择题

技能知识

(1) 自定义属性。

例：

```
hasAttribute(参数); //判断是否有某个自定义属性，参数为属性名
getAttribute(参数); //获取自定义属性，参数为属性名
setAttribute(参数, 值); //设置自定义属性，参数为属性名和属性值
removeAttribute(参数); //删除的属性名，参数为属性名
```

(2) 判断和修改自定义属性值。

例：

```
if(this.getAttribute("value")==0){//如果当前标签的value属性值为0
    this.setAttribute("value","1"); //当前标签的value属性值设为1
    this.style.backgroundColor="#f55"; //更改当前标签的背景色
}else{
    this.setAttribute("value","0"); //当前标签的value属性值设为0
    this.style.backgroundColor="#4f4"; //更改当前标签的背景色
}
```

【任务描述】

实现选择题答题效果，如图 5-23 所示。

(1)显示题目内容。

(2)显示 A、B、C、D 选项。

(3)被选中的选项显示不同的样式。

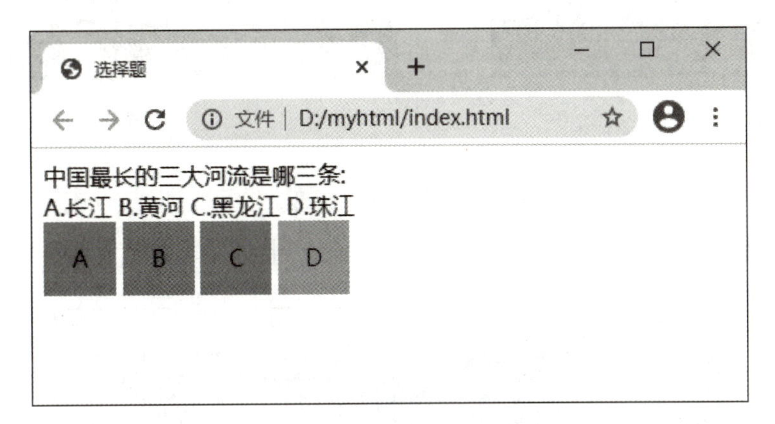

图 5-23

代码解读

```
var spa=document.getElementsByTagName("span");//获取所有 span 标签
for(var i=0;i<spa.length;i++){//遍历所有 spa 标签
  spa[i].onclick=function(){//当前标签被单击时执行函数
    if(this.getAttribute("value")==0){//如果当前标签的 value 属性值为 0
      this.setAttribute("value","1");//当前标签的 value 属性值设为 1
      this.style.backgroundColor="#f55";//更改当前标签的背景色
    }else{
      this.setAttribute("value","0");//当前标签的 value 属性值设为 0
      this.style.backgroundColor="#4f4";//更改当前标签的背景色
    }
  }
}
```

【操作步骤】

操作视频

(1)设置 . selected、. ba 等样式，如图 5-24 所示。

(2)创建一个<div class="item">标签，显示题目内容；创建多个<span>标签，提供 A、B、C、D 选项，如图 5-25 所示。

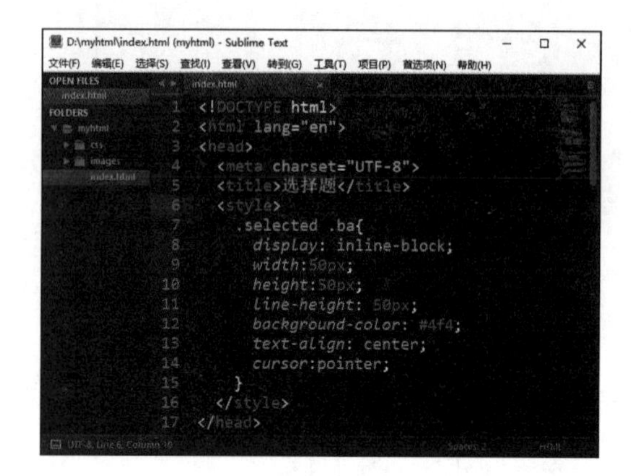

```
1  <!DOCTYPE html>
2  <html lang="en">
3  <head>
4    <meta charset="UTF-8">
5    <title>选择题</title>
6    <style>
7      .selected .ba{
8        display: inline-block;
9        width:50px;
10       height:50px;
11       line-height: 50px;
12       background-color: #4f4;
13       text-align: center;
14       cursor:pointer;
15     }
16   </style>
17 </head>
```

图 5-24

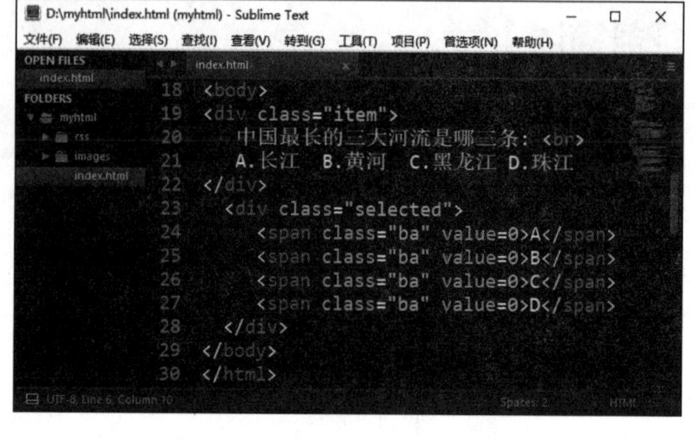

```
18 <body>
19 <div class="item">
20     中国最长的三大河流是哪三条：<br>
21     A.长江  B.黄河  C.黑龙江 D.珠江
22 </div>
23   <div class="selected">
24       <span class="ba" value=0>A</span>
25       <span class="ba" value=0>B</span>
26       <span class="ba" value=0>C</span>
27       <span class="ba" value=0>D</span>
28   </div>
29 </body>
30 </html>
```

图 5-25

（3）JS 代码用 for 语句遍历 span 标签，用 onclick 事件实现选项样式选中状态和未选中状态不一样，value 值也不一样，选中的 value 值为 1，未选中的 value 值为 0，如图 5-26 所示。

```
31 <script>
32   var spa=document.getElementsByTagName("span");
33   for(var i=0;i<spa.length;i++){
34     spa[i].onclick=function(){
35       if(this.getAttribute("value")==0){
36         this.setAttribute("value","1");
37         this.style.backgroundColor="#f55";
38       }else{
39         this.setAttribute("value","0");
40         this.style.backgroundColor="#4f4";
41       }
42     }
43   }
44 </script>
```

图 5-26

【参考代码】

```
1. <!DOCTYPE html>
2. <html lang="en">
3. <head>
4.   <meta charset="UTF-8">
5.   <title>选择题</title>
6.   <style>
7.    .selected.ba{
8.      display: inline-block;
9.      width:50px;
10.      height:50px;
11.      line-height: 50px;
12.      background-color: #4f4;
13.      text-align: center;
14.      cursor:pointer;
15.    }
```

```
16.   </style>
17. </head>
18. <body>
19.   <div class="item">
20.     中国最长的三大河流是哪三条：<br>
21.     A. 长江  B. 黄河  C. 黑龙江  D. 珠江
22.   </div>
23.   <div class="selected">
24.     <span class="ba" value=0>A</span>
25.     <span class="ba" value=0>B</span>
26.     <span class="ba" value=0>C</span>
27.     <span class="ba" value=0>D</span>
28.   </div>
29. </body>
30. </html>
31. <script>
32.   var spa=document.getElementsByTagName("span");
33.   for(var i=0;i<spa.length;i++){
34.     spa[i].onclick=function(){
35.       if(this.getAttribute("value")==0){
36.         this.setAttribute("value","1");
37.         this.style.backgroundColor="#f55";
38.       }else{
39.         this.setAttribute("value","0");
40.         this.style.backgroundColor="#4f4";
41.       }
42.     }
43.   }
44. </script>
```

案例 8 填字学成语

技能知识

(1)判断两个数组是否相等。

例：

```
var str=[];
var strOK=["众","志","成","城"];
if(str.toString() == strOK.toString())
   //如果两个数组变量转换为字符串后相同，即两数组相等
   txt.innerHTML="你真棒！成功了！"; //提示拼接成语成功了
}
```

(2)符合条件可中途跳出 for 循环。

例：

```
   for(var n=0; n<spb.length; n++){//for 循环
     if(spb[n].innerHTML=="?"){//如果内容等于"?"
       return false; //结束代码运行，跳出 for 循环
     }
}
```

【任务描述】

实现填字学成语的功能，如图 5-27 所示。

(1)提供若干个供选择的汉字。

(2)被单击的汉字填入显示问号的方框中。

(3)若发现字填错了，可以单击复原为问号。

(4)成语拼接成功，出现成功提示。

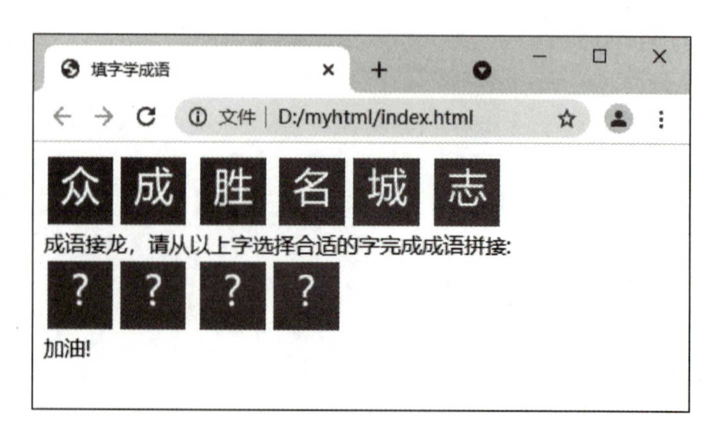

图 5-27

代码解读

```
var str=[];//定义数组变量 str,值为空
var strOK=["众","志","成","城"];
//定义数组变量 strOK,并初始化前四个元素的值依次为“众”“志”“成”“城”
var n=0;
function ru(){
  for(var i=0;i<=3;i++){//循环 4 次,i 从 0 至 3
    if(str[i]) spb[i].innerHTML=str[i];
    //如果 str[i]不为空,str[i]的值显示到 spb[i]中
  }
  if(str.toString() == strOK.toString())
  //如果两个数组变量转换为字符串后相同,即两数组相等
   txt.innerHTML="你真棒! 成功了!";//提示拼接成语成功了
}
var spa=document.getElementById("selbox").getElementsByTagName("span");
//获取 selbox 标签下的所有 span 标签
var spb=document.getElementById("box").getElementsByTagName("span");
//获取 box 标签下的所有 span 标签
for(var i=0;i<spa.length;i++){//遍历所有 spa 标签
  spa[i].onclick=function(){//当前 spa 标签被单击时执行函数
    for(var n=0;n<spb.length;n++){//遍历所有 spb 标签
      if(spb[n].innerHTML=="?"){//当前 spb 标签内容等于“?”
        str[n]=this.innerHTML;//当前的标签内容赋值给当前 str[n]
        ru(); //检查成语拼接是否成功
        return false;//结束代码运行
      }
    }
  }
}
  for(var i=0;i<spb.length;i++){
    spb[i].setAttribute('index',i);
    //设置当前标签的自定义属性 index,把 i 赋值给 index
    spb[i].onclick=function(){//当前标签被单击时执行函数
      this.innerHTML="?"; //当前标签显示“?”
      var index=this.getAttribute('index');//获取当前标签的 index 值
      spb[index]='? ';//当前 spb 标签显示“?”
      str[index]=null;//当前 str 标签置为空值
    }
  }
```

【操作步骤】

操作视频

（1）设置#box span、#selbox、span 等样式，如图 5-28 所示。

（2）创建多个<span>标签，显示多个备选汉字；创建 4 个<span>? </span>标签，准备显示组成一个成语的 4 个汉字，如图 5-29 所示。

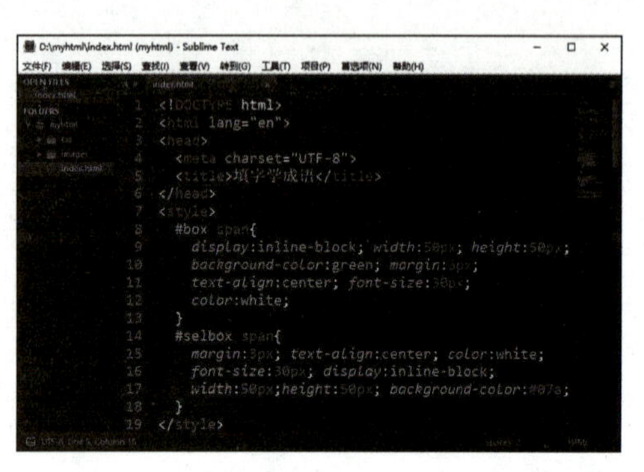

图 5-28

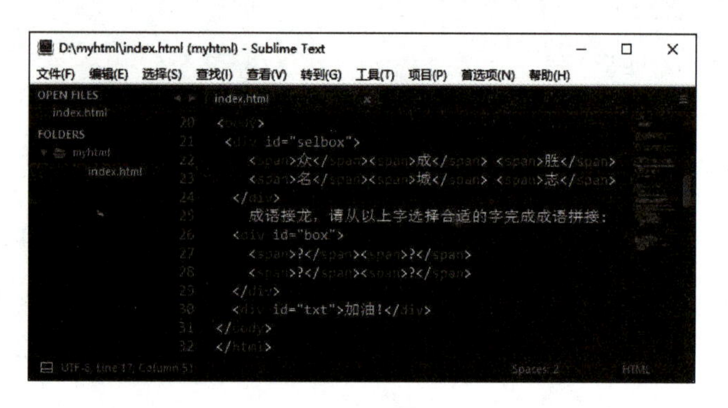

图 5-29

（3）JS 代码创建 ru( ) 函数，实现验证成语是否接龙成功的功能；代码 44 行至 56 行实现每次单击一个汉字时，把汉字拼入成语接龙队列中，并调用 ru( ) 检查是否接龙成功，如图 5-30 所示。

（4）JS 代码实现撤销已接入成语的汉字，为用户提供撤销功能，如图 5-31 所示。

图 5-30

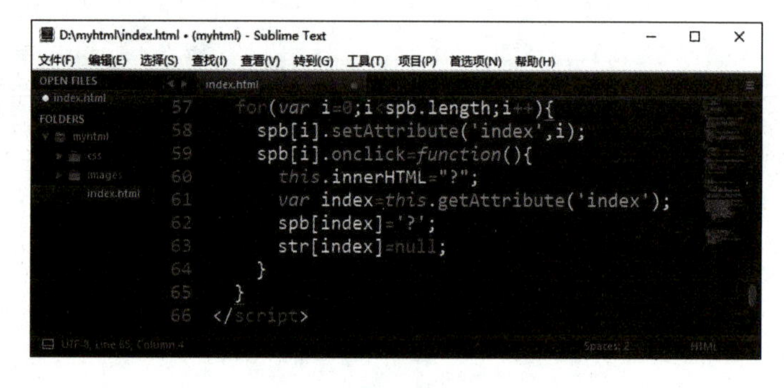

图 5-31

【参考代码】

```
1. <!DOCTYPE html>
2. <html lang="en">
3. <head>
4.   <meta charset="UTF-8">
5.   <title>填字学成语</title>
6. </head>
7. <style>
8.   #box span{
9.     display:inline-block; width:50px; height:50px;
```

```
10.    background-color:green; margin:3px;
11.    text-align:center; font-size:30px;
12.    color:white;
13.  }
14.  #selbox span{
15.    margin:3px; text-align:center; color:white;
16.    font-size:30px; display:inline-block;
17.    width:50px;height:50px; background-color:#07a;
18.  }
19. </style>
20. <body>
21.  <div id="selbox">
22.   <span>众</span><span>成</span> <span>胜</span>
23.   <span>名</span><span>城</span> <span>志</span>
24.  </div>
25.    成语接龙,请从以上字选择合适的字完成成语拼接:
26.  <div id="box">
27.   <span>? </span><span>? </span>
28.   <span>? </span><span>? </span>
29.  </div>
30.   <div id="txt">加油! </div>
31. </body>
32. </html>
33. <script>
34.   var str=[];
35.   var strOK=["众","志","成","城"];
36.   var n=0;
37.   function ru(){
38.     for(var i=0;i<=3;i++){
39.       if(str[i]) spb[i].innerHTML=str[i];
40.     }
41.     if(str.toString() == strOK.toString())
42.       txt.innerHTML="你真棒! 成功了!";
43.   }
44.   var spa=document.getElementById("selbox").getElementsByTagName("span");
45.   var spb=document.getElementById("box").getElementsByTagName("span");
46.   for(var i=0;i<spa.length;i++){
47.     spa[i].onclick=function(){
48.       for(var n=0;n<spb.length;n++){
49.         if(spb[n].innerHTML=="?"){
50.           str[n]=this.innerHTML;
```

```
51.            ru();
52.            return false;
53.          }
54.        }
55.      }
56.    }
57.    for(var i=0;i<spb.length;i++){
58.      spb[i].setAttribute('index',i);
59.      spb[i].onclick=function(){
60.        this.innerHTML="?";
61.        var index=this.getAttribute('index');
62.        spb[index]='? ';
63.        str[index]=null;
64.      }
65.    }
66. </script>
```

案例 9 表情添加

技能知识

(1)this 关键字。

面向对象语言中 this 表示当前对象的一个引用。

在 JavaScript 中 this 不是固定不变的，它会随着执行环境的改变而改变。

在方法中，this 表示该方法所属的对象。

(2)this 应用

例：

```
vk[i].onclick=function(){
  var index=this.getAttribute('index'); //获取当前标签的 index 值
  var vimg=document.createElement("img");
  vimg.src=this.src; //新建的 vimg 标签显示当前被点中的图片
  vbox.appendChild(vimg);
}
```

【任务描述】

实现聊天应用中表情图片的添加，如图 5-32 所示。

(1)显示对话框。

(2)显示可用表情。

(3)单击可用表情，可把表情图像追加到聊天框中。

图 5-32

代码解读

```
var vk=look.getElementsByTagName("img");//获取 look 内的所有 img 标签
var vbox=document.getElementById("box");//获取 box 标签
for(var i=0;i<vk.length;i++){//遍历所有的 vk 标签
  vk[i].setAttribute('index',i);//设置当前 vk 标签的 index 属性为 i 值
  vk[i].onclick=function(){//当前的 vk 标签被单击时执行函数
    var index=this.getAttribute('index');//获取当前标签的 index 值
    var vimg=document.createElement("img");//创建 img 标签赋值给 vimg
    vimg.src=this.src;//新建的 vimg 标签显示当前被点中的图片
    vbox.appendChild(vimg);//新建的图片标签 img 追加到 vbox 标签内
  }
}
```

【操作步骤】

(1)设置#box img、#look 等样式，如图 5-33 所示。

(2)创建一个<div id="box" contenteditable="true"></div>标签，供用户输入聊天内容；创建多个<img>标签显示多张表情图片，供用户选用，如图 5-34 所示。

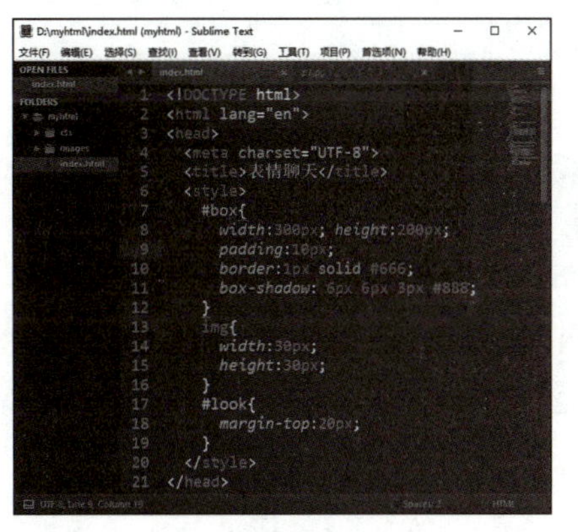

图 5-33

操作视频

(3)JS 代码遍历所有 img 标签，当 img 标签被单击时，实现把当前图片追加到聊天框的功能，如图 5-35 所示。

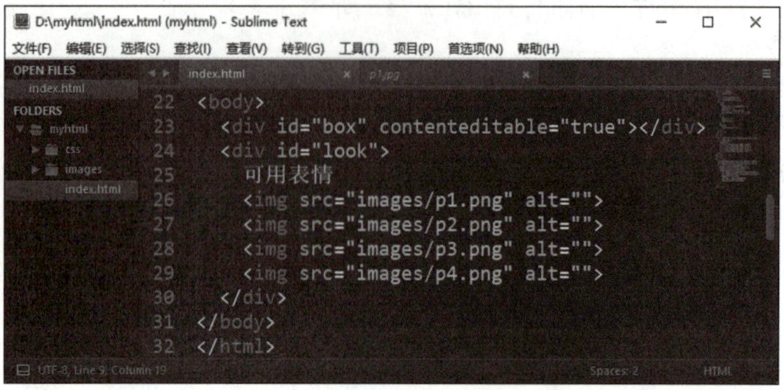

```
22  <body>
23    <div id="box" contenteditable="true"></div>
24    <div id="look">
25      可用表情
26      <img src="images/p1.png" alt="">
27      <img src="images/p2.png" alt="">
28      <img src="images/p3.png" alt="">
29      <img src="images/p4.png" alt="">
30    </div>
31  </body>
32  </html>
```

图 5-34

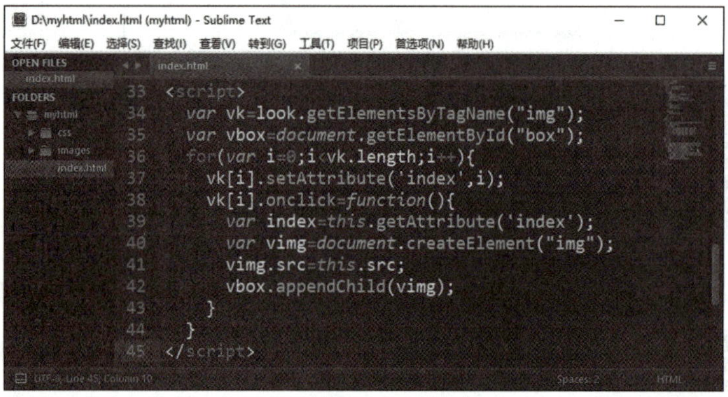

```
33  <script>
34    var vk=look.getElementsByTagName("img");
35    var vbox=document.getElementById("box");
36    for(var i=0;i<vk.length;i++){
37      vk[i].setAttribute('index',i);
38      vk[i].onclick=function(){
39        var index=this.getAttribute('index');
40        var vimg=document.createElement("img");
41        vimg.src=this.src;
42        vbox.appendChild(vimg);
43      }
44    }
45  </script>
```

图 5-35

【参考代码】

```
1. <!DOCTYPE html>
2. <html lang="en">
3. <head>
4.   <meta charset="UTF-8">
5.   <title>表情聊天</title>
6.   <style>
7.     #box{
8.       width:300px; height:200px;
9.       padding:10px;
10.      border:1px solid #666;
11.      box-shadow: 6px 6px 3px #888;
12.    }
13.    img{
14.      width:30px;
15.      height:30px;
```

```
16.     }
17.     #look{
18.    margin-top:20px;
19.     }
20.   </style>
21. </head>
22. <body>
23.   <div id="box" contenteditable="true"></div>
24.   <div id="look">
25.     可用表情
26.     <img src="images/p1.png" alt="">
27.     <img src="images/p2.png" alt="">
28.     <img src="images/p3.png" alt="">
29.     <img src="images/p4.png" alt="">
30.   </div>
31. </body>
32. </html>
33. <script>
34.   var vk=look.getElementsByTagName("img");
35.   var vbox=document.getElementById("box");
36.   for(var i=0;i<vk.length;i++){
37.     vk[i].setAttribute('index',i);
38.     vk[i].onclick=function(){
39.       var index=this.getAttribute('index');
40.       var vimg=document.createElement("img");
41.       vimg.src=this.src;
42.       vbox.appendChild(vimg);
43.     }
44.   }
45. </script>
```

案例 10 循环滚动广告

技能知识

(1)offsetleft 属性。

此属性常用于返回当前元素距离某个父辈元素左边缘的距离。

如果父辈元素中有定位的元素，就返回距离当前元素最近的定位元素边缘的距离。

如果父辈元素中没有定位元素，那么就返回相对于 body 左边缘的距离。

(2) offsetWidth 属性。

返回元素的宽度(包括元素宽度、内边距和边框，不包括外边距)。

【任务描述】

实现循环滚动广告图的功能，如图 5-36 所示。

(1)若干图片横向展示在固定区域中。

(2)图片自右向左循环滚动。

图 5-36

代码解读

```
var vdiv=document.getElementById("pic");
//获取 pic 标签赋值给 vdiv,此处的 vdiv 是广告图展示的区域
var vul=vdiv.getElementsByTagName("ul")[0];
//获取 vdiv 内的第 0 号 ul 标签
```

```
var time=null;//定义变量 time,初始化为空值
vul.innerHTML=vul.innerHTML+vul.innerHTML;
//vul 的内容以双倍累加,形成展示的内容,即两份图组在准备展示
vul.style.width=vdiv.offsetWidth* 2+"px";
//设置展示的内容 vul 宽度是展示区域 vdiv 的两倍
time=setInterval(move,30);//每 30 毫秒执行一次 move 函数
function move(){//定义函数 move()
  if(-vul.offsetLeft==vdiv.offsetWidth-2){
  //如果左移的 vul 的左边距的正数等于展示区 vdiv 的宽度且少 2px
    vul.style.left="0";
  //左移的 vul 左边距置为 0,回复到初始化情况,做好准备重复的起止位置
    }
    vul.style.left=vul.offsetLeft-2+"px";
  //左边距每次减少 2px,则实现向左移的效果
}
vdiv.onmouseover=function(){//鼠标移入 vdiv 区域时
  clearInterval(time);//停止计时器 time
}
vdiv.onmouseout=function(){//鼠标移出 vdiv 区域时
  time=setInterval(move,30);//又启动计时器,每 30 秒执行一次 move
}
```

【操作步骤】

操作视频

(1)设置#pic、#pic ul、#pic ul li 等样式，如图 5-37 所示。

(2)创建一个<ul>标签，设置两个子元素<li>显示两张图，将用作滚动的广告图，如图 5-38 所示。

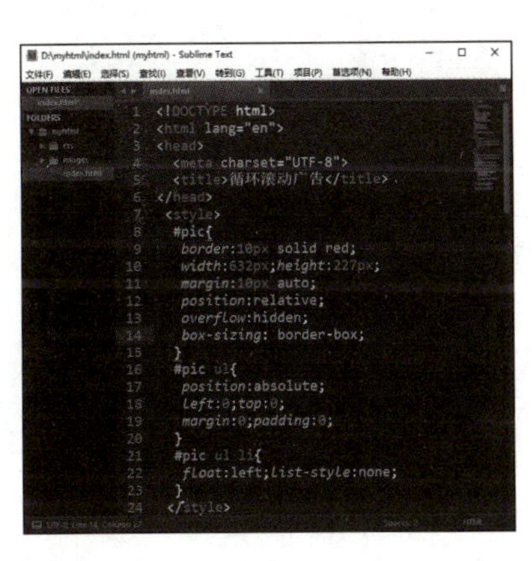

图 5-37

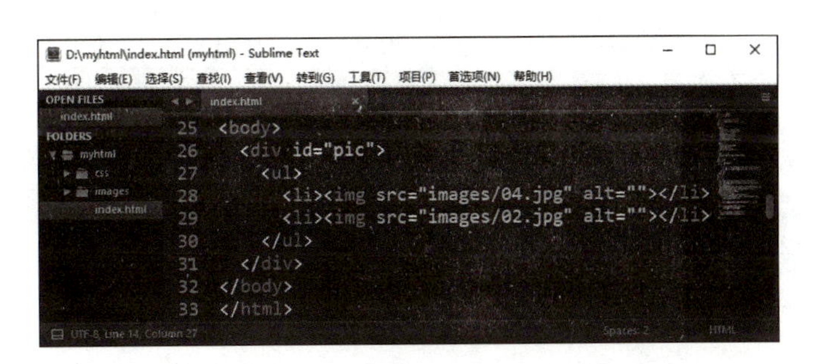

图 5-38

(3)JS 代码应用 setInteral()调用自定义函数 move()，实现图片向左循环滚动的特效，如图 5-39 所示。

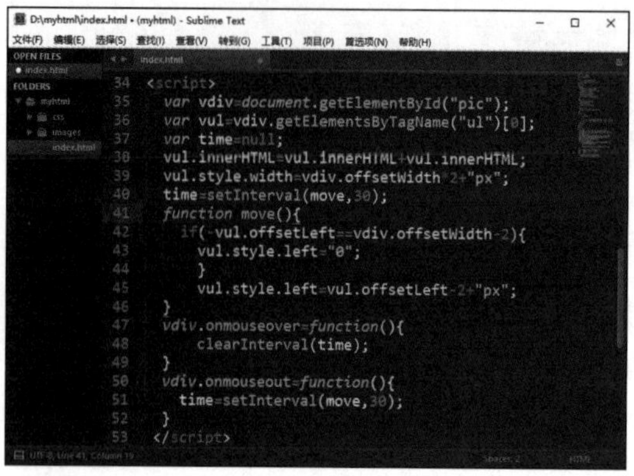

```
34  <script>
35    var vdiv=document.getElementById("pic");
36    var vul=vdiv.getElementsByTagName("ul")[0];
37    var time=null;
38    vul.innerHTML=vul.innerHTML+vul.innerHTML;
39    vul.style.width=vdiv.offsetWidth*2+"px";
40    time=setInterval(move,30);
41    function move(){
42      if(-vul.offsetLeft==vdiv.offsetWidth-2){
43        vul.style.left="0";
44        }
45        vul.style.left=vul.offsetLeft-2+"px";
46    }
47    vdiv.onmouseover=function(){
48        clearInterval(time);
49    }
50    vdiv.onmouseout=function(){
51      time=setInterval(move,30);
52    }
53  </script>
```

图 5-39

【参考代码】

```
1. <!DOCTYPE html>
2. <html lang="en">
3. <head>
4.   <meta charset="UTF-8">
5.   <title>循环滚动广告</title>
6. </head>
7.   <style>
8.     #pic{
9.       border:10px solid red;
10.      width:632px;height:227px;
11.      margin:10px auto;
12.      position:relative;
13.      overflow:hidden;
14.      box-sizing: border-box;
15.    }
16.    #pic ul{
17.      position:absolute;
18.      left:0;top:0;
19.      margin:0;padding:0;
20.    }
21.    #pic ul li{
22.      float:left;list-style:none;
23.    }
24.  </style>
25. <body>
26.   <div id="pic">
27.     <ul>
28.       <li><img src="images/04.jpg" alt=""></li>
29.       <li><img src="images/02.jpg" alt=""></li>
```

```
30.     </ul>
31.   </div>
32. </body>
33. </html>
34. <script>
35.   var vdiv=document.getElementById("pic");
36.   var vul=vdiv.getElementsByTagName("ul")[0];
37.   var time=null;
38.   vul.innerHTML=vul.innerHTML+vul.innerHTML;
39.   vul.style.width=vdiv.offsetWidth* 2+"px";
40.   time=setInterval(move,30);
41.   function move(){
42.     if(-vul.offsetLeft==vdiv.offsetWidth-2){
43.       vul.style.left="0";
44.       }
45.     vul.style.left=vul.offsetLeft-2+"px";
46.   }
47.   vdiv.onmouseover=function(){
48.     clearInterval(time);
49.   }
50.   vdiv.onmouseout=function(){
51.     time=setInterval(move,30);
52.   }
53. </script>
```

【单元小结】

案例1讲解了单选按钮的应用，案例2讲解了节点元素增加与删除的实现技巧，案例3讲解了数字统计的应用，案例4讲解了表格行的增加与删除的实现，案例5讲解了正则表达式的基本应用，案例6讲解了rgb()函数的应用，案例7讲解了应用自定义样式实现选择题答题特效的技能，案例8讲解了填成语的实现功能，案例9讲解了聊天功能表情图的处理，案例10讲解了广告滚动特效的实现技能。

【拓展任务】

拓展任务 1　修改购物数量

【任务描述】

实现修改购物数量时，自动计算金额的功能，如图 5-40 所示。

（1）单击商品数量左右的“+”或“-”两个按钮，更改商品数量。

（2）商品数量变化时，正确计算商品金额，商品金额等于价格乘以数量。

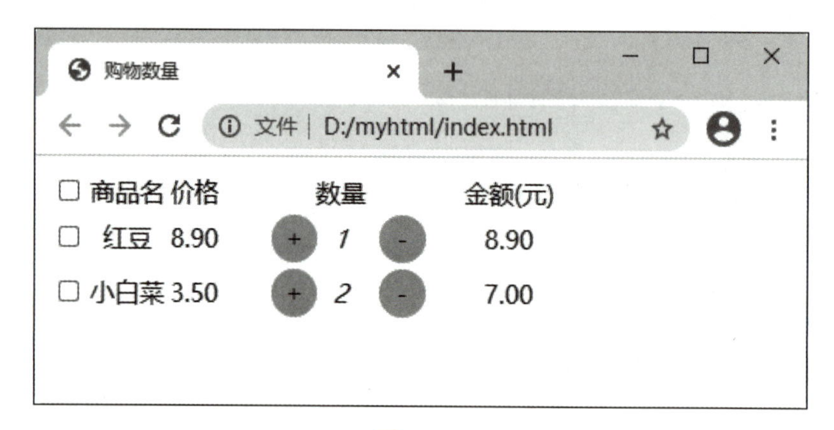

图 5-40

【参考代码】

```
1. <!DOCTYPE html>
2. <html>
3. <head>
4. <meta charset="utf-8">
5. <title>购物数量</title>
6. <style>
7.   .plus,.minus{
8.     display: inline-block;
9.     width:30px;height:30px;
10.    line-height: 30px;
11.    border-radius: 100% ;
12.    background-color: #f90;
13.    text-align: center;
14.    margin-left:10px;
15.  }
```

```
16.  td{text-align: center;}
17.  td:nth-child(4){
18.    width:150px;
19.  }
20.  .ct{
21.    display: inline-block;
22.    width:30px;
23.  }
24. </style>
25. </head>
26. <body>
27. <table id="tb">
28.   <tr>
29.     <td><input type="checkbox" name="check"/></td>
30.     <td>商品名</td>     <td>价格</td>
31.     <td>数量</td>     <td>金额(元)</td>
32.   </tr>
33.   <tr>
34.      <td><input type="checkbox" name="check"/></td>
35.      <td>红豆</td>
36.      <td class="price">8.90</td>
37.      <td ><span class="plus" num="0">+</span><i class="ct" >0</i><span class="
     minus" num="0">-</span></td>
38.      <td class="billrow">0</td>
39.   </tr>
40.   <tr>
41.     <td><input type="checkbox" name="check"/></td>
42.     <td>小白菜</td>
43.     <td class="price">3.50</td>
44.     <td><span class="plus" num="1">+</span><i class="ct" >0</i><span class="
     minus" num="1">-</span></td>
45.     <td class="billrow">0</td>
46.   </tr>
47. </table>
48. </body>
49. </html>
50. <script>
51.   var vplus=document.getElementsByClassName('plus');
52.   var vminus=document.getElementsByClassName('minus');
53.   var vprice=document.getElementsByClassName('price');
54.   var vbillrow=document.getElementsByClassName('billrow');
```

```
55.  var vct=document.getElementsByClassName('ct');
56.  for(var i=0;i<vplus.length;i++){
57.    vplus[i].onclick=function(){
58.      var t=this.getAttribute("num")
59.      vct[t].innerHTML=parseInt(vct[t].innerHTML)+1;
60.      vbillrow[t].innerHTML= (parseFloat(vprice[t].innerHTML)* parseInt(vct[t]
         .innerHTML)).toFixed(2)
61.    };
62.  }
63.  for(var i=0;i<vminus.length;i++){
64.    vminus[i].onclick=function(){
65.      var t=this.getAttribute("num")
66.      console.log(t);
67.      if(parseInt(vct[t].innerHTML)>0){
68.          vct[t].innerHTML=parseInt(vct[t].innerHTML)-1;
69.          vbillrow[t].innerHTML= (parseFloat(vprice[t].innerHTML)* parseInt(vct
            [t].innerHTML)).toFixed(2)
70.      }
71.    };
72.  }
73.</script>
```

拓展任务 2　单选题

【任务描述】

实现选择题答题效果，如图 5-41 所示。

(1) 显示题目内容。

(2) 显示 A、B、C、D 选项。

(3) 被选中的显示不同的样式，样式包括图标的更改。

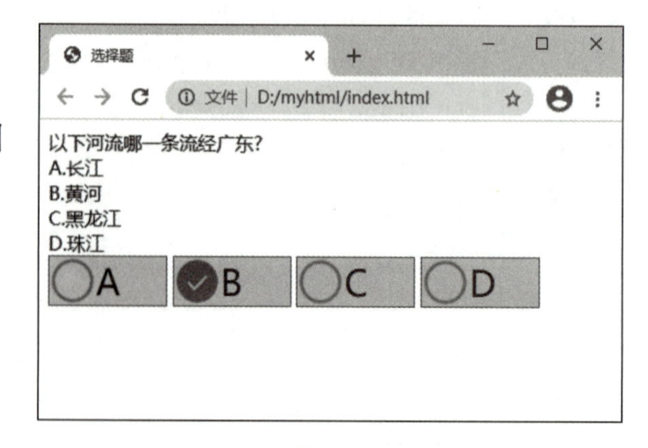

图 5-41

【参考代码】

```
1. <!DOCTYPE html>
2. <html lang="en">
3. <head>
4.   <meta charset="UTF-8">
5.   <title>选择题</title>
6.   <style>
7.     .selected .ba{
8.       display: inline-block;
9.       width:100px; height:40px;
10.      font-size: 30px;
11.      background-color: #ddd;
12.      border:1px solid #666;
13.      cursor:pointer;
14.    }
15.    .ba i{
16.      width:40px; height:40px;
17.      display: inline-block; float:left;
18.      background: url("images/f.png") no-repeat;
19.      background-size:100% 100% ;
20.    }
21.  </style>
22. </head>
23. <body>
24.  <div class="item">
25.    以下河流哪一条流经广东？<br>
26.    A. 长江 <br>
27.    B. 黄河 <br>
28.    C. 黑龙江 <br>
29.    D. 珠江<br>
30.  </div>
31.  <div class="selected">
32.    <span class="ba" value=0><i></i>A</span>
33.    <span class="ba" value=0><i></i>B</span>
34.    <span class="ba" value=0><i></i>C</span>
35.    <span class="ba" value=0><i></i>D</span>
36.  </div>
37. </body>
38. </html>
39. <script>
40.  var spa=document.getElementsByTagName("span");
```

```
41.  for(var i=0;i<spa.length;i++){
42.    spa[i].onclick=function(){
43.      var vi=this.getElementsByTagName("i");
44.      if(this.getAttribute("value")==0){
45.        this.setAttribute("value","1");
46.        vi[0].style.background="url('images/t.png') no-repeat";
47.        vi[0].style.backgroundSize="100% 100% ";
48.      }else{
49.      this.setAttribute("value","0");
50.        vi[0].style.background="url('images/f.png') no-repeat";
51.        vi[0].style.backgroundSize="100% 100% ";
52.      }
53.    }
54.  }
55. </script>
```

拓展任务 3　答题选项卡

【任务描述】

实现选项卡功能，如图 5-42 所示。

（1）显示选题卡。

（2）被选中的题号显示对应题号的题目内容的区域。

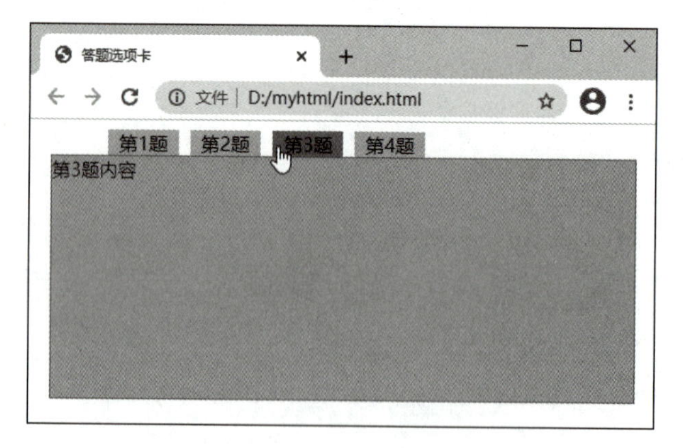

图 5-42

【参考代码】

```
1. <!DOCTYPE html>
2. <html lang="en">
3. <head>
4.   <meta charset="UTF-8">
5.   <title>答题选项卡</title>
6.   <style>
7.     #nav{
8.       width:500px; margin:0 auto;
9.     }
10.      #nav ul{
11.        display: flex; list-style: none;
12.        margin:0 auto;
13.      }
14.      #nav ul li{
15.        margin-left:10px;width:60px;
16.        background-color: #ccc;
17.        text-align: center;
18.        cursor: pointer;
19.      }
20.      #nav ul li:hover{
21.        background-color: #f30;
22.      }
23.      #tab{
24.        width:500px; margin:0 auto;
25.        background-color: red;
26.      }
27.      .tab{
28.        width:500px; height:200px;
29.        background-color: #3ff;
30.        border:1px solid red;
31.      }
32.      .show{
33.        display:block;
34.      }
35.      .hide{
36.        display:none;
37.      }
38.    </style>
39. </head>
40. <body>
```

```
41. <div id="nav">
42.   <ul>
43.     <li>第 1 题</li>
44.     <li>第 2 题</li>
45.     <li>第 3 题</li>
46.     <li>第 4 题</li>
47.   </ul>
48. </div>
49. <div id="tab">
50.    <section class="tab show">第 1 题内容</section>
51.    <section class="tab hide">第 2 题内容</section>
52.    <section class="tab hide">第 3 题内容</section>
53.    <section class="tab hide">第 4 题内容</section>
54. </div>
55. </body>
56. </html>
57. <script>
58.   var vtab=document.getElementsByClassName("tab");
59.   var vnav=document.getElementById("nav");
60.   vnav=vnav.getElementsByTagName("li");
61.   for(var i=0;i<vnav.length;i++){
62.      vnav[i].index=i;
63.      vnav[i].onclick=function(){
64.      for(var j=0;j<vtab.length;j++){
65.          vtab[j].setAttribute("class","tab hide");
66.          console.log(this.index);
67.          vtab[this.index].setAttribute("class","tab show");
68.      }
69.     }
70.   }
71. </script>
```